Edelsteine und Mineralien

Dr. Andreas Landmann

Edelsteine und Mineralien

EDITION XXL

Rosenquarz aus Brasilien

Amethyst-Rosette aus der Pfalz

Steine und Mineralien –
farbenprächtige und glitzernde Zauberwelt

In den letzten Jahren erfreuen sich Mineralien und Edelsteine steigender Bekanntheit und Beliebtheit. In vielen Wohnungen stehen Bergkristalle oder Amethyste, Vitrinen glänzen mit einer farbenprächtigen Sammlung.

Zurzeit sind ca. 3 800 verschiedene Mineralarten bekannt, die aus allen Ländern der Erde stammen. So kann man beim Betrachten verschiedener Mineralien eine Weltreise machen und sehen, welche Schätze im Inneren unserer Erde verborgen sind. Glitzernde Kristalle zeigen oft intensive Farben und vielfältige Formen, sie faszinieren den Betrachter und schenken ihm Freude. Ein Blick in die Erdgeschichte wird möglich, denn die meisten Mineralien sind bereits Millionen von Jahren alt und sind über Jahrtausende tief im Erdinnern gewachsen. Auch heute noch entstehen, unsichtbar für die Menschen, überall auf der Erde Mineralien. Die Natur vollbringt an jedem einzelnen Kristall ein kleines Wunder. Immer wieder fasziniert es auch den Fachmann, dass selbst der kleinste Kristall exakt die Kristallform zeigt, die für seine Mineralart typisch ist.

Auripigment, China

12

Die große Menge der verschiedenen Mineralarten macht es für Einsteiger in dieses Thema oft schwierig, einen Überblick zu bekommen oder einen roten Faden zu finden, an dem er sich orientieren kann. Dieses Buch soll helfen, einen Überblick über die Welt der Mineralien zu bekommen. Hier lernt der Leser die wichtigsten und bekanntesten Mineralgruppen kennen. Dabei soll dieses Buch kein wissenschaftliches Werk sein, sondern die Freude und Faszination vermitteln, die der Umgang mit Mineralien bewirkt. In den Bildbeschreibungen erfährt der Leser, wie Mineralien wachsen, wie sie gefunden werden und welche Bedeutung die edlen Steine schon für die Menschen der Antike hatten. Für den Mineraliensammler, der Steine bestimmen möchte, sind zu jedem Mineral die wichtigsten Daten aufgeführt.

Die bekanntesten Mineralien stammen aus der Gruppe der Quarze. Sie werden im ersten Teil dieses Buches vorgestellt. Darauf folgen die bekanntesten Edelsteine wie Saphir, Diamant und Granat, die jeder schon einmal als Schmuckstein gesehen hat. Viele weitere durchsichtige Sammlermineralien werden im Anschluss vorgestellt, dann kommen undurchsichtige Sammlermineralien und Schmucksteine. Weiter erlebt der Leser einige Mineralien, die bei Vulkanausbrüchen aus Lava entstehen. Auch die Edelmetalle und Erzmineralien kommen nicht zu kurz.

Der letzte Abschnitt des Buches stellt Bilder vor, die bisher nur sehr selten in Mineralienbüchern zu sehen waren. So lernt der Leser das Aussehen von Gesteinen unter dem Mikroskop kennen. Diese Bilder sind so bunt, dass sie an abstrakte Malerei erinnern. Weiterhin werden optische Effekte, die bei vielen Mineralien auftreten, beispielhaft vorgestellt. Es folgt ein Einblick in die Welt der synthetischen, also von Menschenhand geschaffenen Mineralien. Hier spannt sich der Bogen zu unserem alltäglichen Leben, das ohne die Verwendung von Mineralien und Kristallen so nicht denkbar wäre.

Peridot, Insel Zebirget, Ägypten

Die Eigenschaften der Mineralien und die Mineralbestimmung

Die bunte Vielfalt der Mineralien: Opal, Bergkristall mit Pyrit, Baryt, Schwefel

Mineralien sind definiert als feste, anorganische, im Inneren gleichmäßig aufgebaute Bestandteile der Erdkruste/Gesteine. Jedes Mineral hat eine bestimmte chemische Zusammensetzung. Ändert sich diese Zusammensetzung, entsteht auch ein anderes Mineral mit neuen Eigenschaften.

Zum Bestimmen der Mineralien kann der Mineraliensammler Eigenschaften wie Härte, Dichte, Strichfarbe und Kristallform verwenden. Im Folgenden werden die wichtigsten Eigenschaften erläutert. Diese sind im Buch auch bei jedem Mineral aufgeführt.

1. Härte

Mineralien sind unterschiedlich hart. Ihre Härte wird auf der Mohsschen Härteskala von 1 bis 10 eingeteilt. Härtevergleiche zwischen Mineralien macht man mit Ritzversuchen. Man nimmt ein Mineral und versucht, mit dessen Kante ein anderes Mineral zu ritzen. Entsteht ein Ritz, so ist das Mineral mit dem Ritz das weichere. Folgende Mineralien gehören zur Härteskala (in aufsteigender Härte-Reihenfolge):

1	Talk
2	Gips
3	Calcit
4	Flussspat
5	Apatit
6	Feldspat
7	Quarz
8	Topas
9	Korund
10	Diamant

2. Dichte

Mineralien sind schwerer als Wasser. Ein Volumen von 1 Liter Wasser wiegt 1 kg, dasselbe Volumen eines Minerals ist um einiges schwerer, abhängig von der chemischen Zusammensetzung des jeweiligen Minerals. Die Dichte sagt also, wie viel mal schwerer als Wasser ein Mineral ist. Die Dichte 7 bedeutet demnach, dass dieses

Mineral 7-mal schwerer als Wasser ist. Die Gewichtseinheit ist Gramm/Kubikzentimeter (g/cm^3). Die Dichte kann man prüfen, wenn man ein Mineral auf eine Waage legt und das Gewicht in Gramm abliest.

Dann legt man das Mineral in einen Messbecher mit Milliliter-Teilung und beobachtet, wie viel der Wasserspiegel steigt. Daraus ergibt sich das Volumen des Minerals in cm^3. So kann man die Dichte ausrechnen.

Bernstein von der Ostseeküste

3. Strichfarbe

Die Strichfarbe eines Minerals ist die Farbe der Spur, die das Mineral hinterlässt, wenn man mit ihm über eine unglasierte Porzellanplatte streicht. Die Strichfarbe ist für viele Mineralien charakteristisch. Hämatit z. B. ergibt einen dunkelroten Strich, Gips einen weißen Strich.

Mineralien, die härter als das Porzellan sind (Härte > 6), erzeugen keinen echten Strich, sondern reiben das Porzellan ab. Solche Mineralien zeigen immer weiße Strichfarbe. Für die Mineralienbestimmung ist es aber ohne Belang, ob die weiße Strichfarbe vom Mineral oder von der Porzellanplatte kommt. Sie wird auf jeden Fall zur Mineralienbestimmung verwendet.

4. Spaltbarkeit

Zunächst wird ein Mineral mit dem Hammer vorsichtig zerschlagen. Dabei ergeben sich bei vielen Mineralien typische Bruchflächen, die perfekt glatt sein können (vollkommene Spaltbarkeit = Diamant, Calcit). Bei anderen Mineralien sind die Bruchflächen nur teilweise glatt (unvollkommene/undeutliche Spaltbarkeit = Aquamarin) oder sind ganz und gar unregelmäßig (keine Spaltbarkeit = Quarz).

5. Kristallform

Zurzeit sind weltweit ca. 3 800 Mineralien bekannt. Die Formen der Kristallspitzen können geometrisch beschrieben werden, so ergeben sich nur 7 Kristallsysteme, in die alle Formen der Kristalle eingeordnet werden können. Es gibt im Mineralreich 2-, 3-, 4- und 6-zählige Symmetrien, denen die Flächen von Kristallspitzen gehorchen. Die exakte Beschreibung der Kristallsymmetrien ist stark mit mathematischen und physikalischen Kenntnissen verknüpft und nicht leicht zu erlernen. Mineralogen verwenden für solche Beschreibungen Computerprogramme. Die sieben Kristallsysteme sind: kubisch, hexagonal, tetragonal, trigonal, ortho-rhombisch, monoklin, triklin.

Bei allen diesen Prüfmöglichkeiten muss einschränkend gesagt werden, dass die Kristalle ein und desselben Minerals in der Natur oft in vielen verschiedenen Formen und Verwachsungen mit anderen Mineralien vorkommen können. Das macht das Bestimmen mit den o. g. Merkmalen oft schwierig oder unmöglich.

Im Zweifelsfall hilft dem Mineraliensammler nur viel Erfahrung und viele Steine, die er zuvor gesehen hat. Mineralien lernt man nur richtig kennen, indem man sie immer wieder in der Hand hat und direkt erlebt.

Bei sehr schwierig zu bestimmenden Mineralien hilft schließlich nur die chemische Analyse ihres inneren Aufbaus, um zum endgültigen Ergebnis zu kommen. Das ist die Domäne der Mineralogen, die an der Universität entsprechende Geräte zur Verfügung haben.

Granathaltiges Amphibolitgestein unter dem Mikroskop

Bergkristall –
bekanntester Stein aus der Mineralgruppe der Quarze

Tief im Inneren eines Berges in den Alpen: In einen Jahrtausende alten Hohlraum tropft langsam Wasser und bringt Kieselsäure mit.

An den Wänden des Hohlraums entsteht durch das Verdunsten des Wassers eine Tapete von Kieselsäure, aus der sich allmählich die ersten Kriställchen bilden. Kristalle aus reiner Kieselsäure wachsen, die Bergkristalle.

Bergkristalle sind die reinste Form der Quarzmineral-Gruppe und bestehen fast nur aus Kieselsäure (SiO_2). Die Kristallspitzen bestehen aus sechs Flächen, auch schon bei den aller-kleinsten, weniger als einen Millimeter messenden Kriställchen.

Im Mittelalter glaubte man, diese Kristalle bestünden aus gefrorenem Wasser. Nach dem griechischen Wort „krystallos" für Eis bekamen die Bergkristalle ihren Namen.

Schon Nero hat seinen Wein aus Bergkristall-Pokalen getrunken, da er diesem Stein besonders durstlöschende Wirkung zuschrieb. Indianer beschenken noch heute ihre Neugeborenen mit einem Bergkristall, der in die Wiege gelegt wird, um sie zu beschützen.

Bergkristall-Spitzen, gewachsen auf Quarzit-Gestein, Herkunft China

18

Ein klarer Kristall mit vielen Flächen an der Spitze

Betrachtet man die Spitze eines Bergkristalls, so wird man eine Eigenschaft entdecken, die ihn von den meisten anderen farblosen Kristallarten unterscheidet: Seine Spitze besteht aus sechs Flächen, die wie eine Pyramide zusammenlaufen.

Dies kann man beobachten, ganz gleich, ob die Bergkristall-Spitze sehr klein oder einen Meter groß ist. Die Form der Spitze wächst nach Naturgesetzen in immer der gleichen Form.

Das Wachstum von Bergkristall wird von der Temperatur und dem Druck, die um den entstehenden Kristall herum herrschen, beeinflusst. Daher kommen bei vielen Bergkristallen zu diesen sechs Flächen weitere dazu, je nachdem, ob der Kristall schnell oder langsam wächst, ob an einer Kristallseite mehr Kieselsäure als Baustoff angelagert wird als an anderen Seiten usw.

Es gibt typische Flächenkombinationen an der Kristallspitze, die nach ihrem Fundort benannt werden:
• Dauphinéer-Zwilling,
• Brasilianer-Zwilling
• Typus Usingen
• Japaner-Zwilling

Insgesamt können bei Bergkristallen mehrere hundert mögliche Kombinationen von Flächen an der Spitze beobachtet werden, wobei immer die sechs Hauptflächen an der Spitze vorhanden sind.

Bergkristall-Spitzen, Herkunft Brasilien, Bundesland Minas Gerais

19

Ein Fenster in uralte geologische Vorgänge

Ein Bergkristall wächst tief im Berg. Nach Tausenden von Jahren ruhigen Wachstums entsteht bereits ein ansehnlicher, klarer Kristall. Nun passiert plötzlich etwas ganz Neues in seiner Gesteinskluft: Wasser kommt zu ihm herabgesickert, das nicht nur Kieselsäure, sondern auch Talk mitbringt. So legt sich im Laufe mehrerer Jahre eine weißliche Schicht auf die Spitze des Kristalls.

Andere Kristalle könnten nun an der Spitze nicht mehr weiterwachsen. Nicht so der Bergkristall. Er kann weiterwachsen, um die einzelnen Talk-Körnchen herum, und schließt diese in seinen Kristallkörper ein.

Bergkristalle, die eine oder mehrere solcher Schichten eingeschlossen haben, heißen Phantomquarz. Die Schichten können alle Farben haben, je nachdem, welche Mineralien sich beim Wachstum auf die Kristallspitze legten. So wird für den aufmerksamen Betrachter sichtbar, welche Form der Bergkristall zu verschiedenen Zeiten seines Wachstums hatte. Die „Jugendformen" des Kristalls sind deutlich sichtbar.

Bergkristall-Spitze mit mehreren Phantom-Lagen im Inneren, Herkunft Brasilien, Bundesland Minas Gerais

Der Bergkristall bildet einzigartige Kristallformen

Ein Bergkristall kann unter fast allen geologischen Bedingungen wachsen. Daher wird er in vielen Ländern der Erde gefunden.

In Deutschland gab und gibt es Fundstellen im Schwarzwald, im Odenwald, im Taunus und an vielen anderen Orten.

Die schönsten, größten und reinsten Kristalle werden heute in Edelsteinminen in Brasilien, Bundesland Minas Gerais, gefunden. Seit einigen Jahren kommen zu diesen Funden auch viele Bergkristall-Stufen aus China dazu, die ein typisches nadeliges Aussehen haben.

Ein Erdbeben betrifft immer auch Bergkristalle, die im bebenden Berg wachsen. Dabei können die Kristalle von ihrer Gesteinsunterlage abbrechen. Tropft nun weiter kieselsäurehaltiges Wasser in die Höhlung im Berg, so kann die Bruchstelle am Bergkristall wieder verheilen, es bildet sich eine zweite Spitze und der Kristall wird nun Doppelender genannt.

Anhänger der Steinheilkunde verwenden solche Doppelender als Pendel und nennen diese Laserkristalle, die Energieflüsse erzeugen und beeinflussen sollen.

Bergkristall	von: „krystallos" = gefrorenes Eis
Farbe	farblos
Strichfarbe/Mohs-Härte	weiß / 7
Kristallsystem	trigonal
Bruch	muschelig
Chem. Zusammensetzung	SiO$_2$

Bergkristall mit zweiter Spitze = Doppelender, Herkunft Brasilien

21

Herkimer-Diamant –
Quarz oder Diamant ?

Herkimer County, Staat New York: Bei Steinbrucharbeiten fallen den Arbeitern plötzlich sehr reine Kristalle mit zwei Spitzen in die Hände. Das Funkeln und Strahlen erinnert die Arbeiter an Diamanten, ebenso die hohe Reinheit und die Größe der Kristalle.

Nach genauerer Untersuchung ergibt sich, dass diese Kristalle besonders schöne Exemplare von Bergkristallen sind, die nur ab und zu kleine Einschlüsse zeigen.

Nach dem Namen des Landkreises, in dem sie gefunden wurden, heißen diese Bergkristalle nun Herkimer-Diamanten.

Ihre Besonderheit ist, dass sie zwei Kristallspitzen haben. Sie wuchsen in weichem Gestein und teilweise in Sand, in dem sie beim Wachstum sozusagen schwebten und sich dadurch zu beiden Seiten frei ausdehnen konnten. Damit bildeten sich an beiden Kristallenden die Bergkristall-Spitzen, die man normalerweise nur an einer Seite der Kristalle kennt.

Solche Kristalle werden maximal fünf Zentimeter groß und zeigen sehr starken Glanz durch die hohe Reinheit. Ihre Seltenheit macht sie zu den wertvollsten Bergkristallen.

Herkimer-Diamanten	
Farbe	**farblos**
Strichfarbe/Mohs-Härte	**weiß / 7**
Kristallsystem	**trigonal**
Spaltbarkeit	**keine**
Chem. Zusammensetzung	**SiO_2**

Herkimer-Diamanten auf Achat

Rutilquarz und Turmalinquarz –
zwei ganz besondere Formen des Bergkristalls

Eine Mineralverwachsung – was ist das? Die schönsten Beispiele für die Verwachsung von Bergkristall mit anderen Mineralarten stellen die Rutilquarze und die Turmalinquarze dar. Man betrachte das wunderschöne Wechselspiel des Lichts in Bergkristallen, in denen die goldfarbenen Rutilnadeln oder die schwarzen Turmalinnadeln eingewachsen sind.

In einem Hohlraum im Berg wachsen Bergkristalle. Gleichzeitig entstehen, von einem anderen Punkt im Hohlraum aus, goldfarbene Rutilnadeln oder schwarze Turmalinnadeln. Sind die Kristalle groß genug, berühren sie sich. Hier kommt nun die besondere Eigenschaft des Bergkristalls ins Spiel: Er kann um andere Kristalle herumwachsen und diese einschließen. So entstehen Bergkristalle mit eingeschlossenen Rutilnadeln (Rutilquarz) oder, von anderen Fundstellen, Bergkristalle mit eingeschlossenen Turmalinnadeln (Turmalinquarz). In seltenen Fällen können sich die Turmalinnadeln, die im Bergkristall in Kanälchen eingewachsen sind, hin und her bewegen.

Im alten China wurde der Turmalinquarz zum Harmoniestein ernannt, der Himmel und Erde, Yin und Yang, zusammenbringen sollte.

Rutil-/Turmalinquarz	
Farbe	**farblos mit goldenen oder schwarzen Nadeln**
Strichfarbe/Mohs-Härte	**weiß / 7**
Kristallsystem	**trigonal**
Spaltbarkeit	**keine**
Chem. Zusammensetzung	SiO_2

Rutil- und Turmalinquarze auf Baumrinde, fotografiert im Durchlicht

Amethyst –
violette Quarzkristalle aus Brasilien

Grillen zirpen, Vögel kreischen: Es ist Nacht im brasilianischen Urwald. Ein Feuer flackert, Minenarbeiter erzählen sich Geschichten. Nebenan, im Dickicht, der schmale Eingang zu einer Amethyst-Mine. Hier hört man das Schlagen und Hämmern. In harter unterirdischer Arbeit bauen ihre Kollegen Amethystdrusen ab. Solche Drusen sind ehemalige Hohlräume im Berg, die vom Rand her mit Kristallen bewachsen sind.

Die Nacht ist vorbei. Zu Schichtbeginn gehen die Mineiros wieder in den Berg, um nun die neuen Stollenwände, die in der nächtlichen Arbeit entstanden sind, mit einem Hammer abzuklopfen. Plötzlich hört sich eine Stelle der Stollenwand hohl an. Das Amethystfieber steigt, schnell kommt ein Bergmann mit einem Bohrer. Eine Stunde hört man nur noch das Dröhnen des Bohrers in der Wand, dann ist ein kleines Loch entstanden.

Mit einem Endoskop schaut der Bergmann in den Hohlraum und entdeckt eine Druse, die über und über von Amethyst-Kristallen funkelt.

Nun beginnt eine stundenlange Arbeit mit Hammer und Meißel, um die Druse aus ihrem harten Muttergestein zu lösen. Bis zu den Mineraliensammlern in aller Welt hat die Druse nun einen weiten Weg vor sich.

Die schönsten Drusen stammen heute aus Brasilien und Uruguay, jedoch wurden schon im Mittelalter bei Idar-Oberstein solche Drusen gefunden. Heute sind die deutschen Fundstellen weitgehend erschöpft, während in Südamerika große Minen in Betrieb sind.

Amethyst-Kristalle aus Brasilien auf Fossilsand aus der Schwäbischen Alb

Der Amethyst als violetter Schmuckstein

Was färbt den ursprünglich farblosen Berg-kristall violett, dass er zum Amethyst wird?

Beim Wachstum des Amethysts bringt das Wasser tief im Berg nicht nur reine Kieselsäure mit, sondern auch Eisen-Atome. Diese werden in den Kristall eingebaut in solch feinen Men-gen, dass das Auge keine einzelnen Eisenkörn-chen sehen kann. Von nun ab wird das Sonnen-licht, das eine Mischung aller Regenbogenfarben ist, so im Amethyst verschluckt, dass nur rote, grüne und violette Farben wieder zum Auge des Betrachters herauskommen. So wirkt der Stein für uns violett.

Schon die alten Griechen trugen den Ame-thyst bei sich, da sie sich Wirkung gegen Zaube-rei, Heimweh und böse Gedanken erhofften. Hildegard von Bingen schrieb dem Amethyst Wirkung gegen Hautflecken und für eine zarte-re Gesichtshaut zu.

Heute ist der Amethyst auch ein beliebter Schmuckstein. In seltenen Fällen bildet er Rosetten von kleinen Kristallspitzen, die im Querschnitt als Schmuck geeignet sind.

Amethyst	von: griech. „amethyein" = „vor Trunkenheit bewahren"
Farbe	violett
Strichfarbe/Mohs-Härte	weiß / 7
Kristallsystem	trigonal
Spaltbarkeit	keine
Chem. Zusammensetzung	SiO_2

Amethyst-Rosette aus einem Steinbruch bei Idar-Oberstein

25

Prasem –
seltener Quarzkristall in ungewöhnlicher Farbe

Prasem: Dieses Wort bedeutet „lauchgrüner Quarz". Diese Form von Quarz, besonders mit schönen Kristallspitzen, ist selten. In den letzten Jahren wurden in einem Steinbruch in Griechenland solche Quarzkristalle gefunden.

Der eigentlich farblose Bergkristall schließt bei seinem Wachstum das Mineral Aktinolith ein. Dieses heißt auch Bergleder, wenn es in filzartigen Matten tief im Gestein der Schweizer Alpen vorkommt.

In Jahrtausenden seines Wachstums legten sich auf die entstehende Bergkristall-Spitze immer neue Nadeln von Aktinolith, der Quarz wuchs um diese herum. So entstand nach und nach eine Quarzspitze in grüner Farbe. Mit bloßem Auge sind die Nadeln nicht zu sehen, erst unter dem Mikroskop werden sie erkennbar.

Dem Prasem wurde schon im Altertum heilende Wirkung zugeschrieben. Der Tempel des Apoll in Delphi war zu großen Teilen aus Prasem erbaut. Dies sollte den Priestern in diesem Tempel innere Ausgeglichenheit und gerechte Urteile ermöglichen.

Prasem	von: griech. „prason" = lauchgrün
Farbe	**grün durchscheinend**
Strichfarbe/Mohs-Härte	**weiß / 7**
Kristallsystem	**trigonal**
Spaltbarkeit	**keine**
Chem. Zusammensetzung	**SiO$_2$ +Aktinolith Ca$_2$Mg$_5$ [OH|Si$_4$O11]$_2$**

Prasem-Spitzen, Laurion, Griechenland

Rauchquarz –
dunkler, geheimnisvoller Quarzkristall

Ein Bergkristall ist in seiner Höhle, hunderte Meter unter der Erdoberfläche, gewachsen. Er hat bei seinem Wachstum Eisenatome mit eingeschlossen, ähnlich wie der Amethyst. Doch der Eisengehalt ist so gering, dass der Bergkristall sich noch nicht in Violett umgefärbt hat.

Im Gestein der Alpen gibt es Mineralien wie den Zirkon, die mit der Zeit zerfallen und dabei natürliche radioaktive Strahlung freisetzen. Diese ist in vielen Gesteinen weltweit vorhanden und für den Menschen nicht schädlich.

Zerfällt nun ein solches Zirkonmineral in dem Gestein, das den Bergkristall umgibt, sendet es diese radioaktive Strahlung in die Gesteinsumgebung. Auch der Bergkristall wird langsam bestrahlt. Dabei verändert er sich im Inneren und wird rauchbraun. Ein Rauchquarz ist entstanden.

Rauchquarz, ein attraktiver Schmuckstein, wirkt geheimnisvoll, da er Licht teilweise verschluckt. Es scheint, als ob er von innen heraus leuchtet. Die Hauptfundorte sind: Schweizer Alpen, Umgebung von St. Petersburg (von hier stammen schwarze Morionkristalle), Brasilien.

Seit der Antike glauben die Menschen, dass sich der Stein bei Gefahr verdunkelt, weshalb er den Griechen und später den Römern als Schutzstein für ihre Soldaten diente.

Rauchquarz	auch: Morion von „moroeis"
	= dunkel
Farbe	**rauchbraun bis schwarz**
Strichfarbe/Mohs-Härte	**weiß / 7**
Kristallsystem	**trigonal**
Spaltbarkeit	**keine**
Chem. Zusammensetzung	**SiO$_2$**

Rauchquarz-Kristalle auf Andesit aus einem Steinbruch bei Idar-Oberstein

Citrin –
der „zitronenfarbige" Quarzkristall

Ein Donnerschlag hallt durch den Berg, eine riesige Fahne aus Gesteinsstaub verteilt sich im Stollen: Wieder ist ein Meter des Gotthard-Eisenbahntunnels in den Berg getrieben.

Bei diesem Bau, der ersten Schweizer Bahnstrecke am Gotthard, wurden mehrfach große Hohlräume gefunden, die mit Quarzkristallen verschiedener Farbe bewachsen waren, so auch die orangen bis braunorangen Citrin-Kristalle. Heute sind die Hauptfundstellen für Citrin in Brasilien, Argentinien, Madagaskar und in den USA sowie in Birma.

Im Mittelalter wurden alle gelben Schmucksteine als „Goldtopas" bezeichnet. Daher besteht bei der Verwendung dieses alten Edelsteinnamens immer die Verwechslungsgefahr mit dem Mineral Topas, das eine andere chemische Zusammensetzung hat und ebenfalls in goldgelber Farbe vorkommt.

Die Legionen Cäsars versprachen sich lebensrettende Wirkung vom Citrin, den sie auf der Brust trugen, wenn sie in den Kampf zogen.

Bis heute soll der Stein durch seine sonnengelbe Farbe positiv auf das vegetative Nervensystem wirken und somit die Stimmung seines Trägers verbessern.

Citrin	von: lat. „citrus" = Zitrone
Farbe	**braunorange, gelblich**
Strichfarbe/Mohs-Härte	**weiß / 7**
Kristallsystem	**trigonal**
Spaltbarkeit	**keine**
Chem. Zusammensetzung	**SiO$_2$**

Citrin-Kristalle auf Milchquarz

Rosenquarz –
zart schimmernder Quarz ohne Kristallspitzen

Rosenquarz ist die rosafarbige Variante der Quarzmineralien. Schon seit ca. 1800 trägt er seinen Namen wegen seiner Farbe.

In Governador Valadares, in der Nähe vom Rio Doce in Brasilien, wurden seltene Rosenquarze gefunden, die kleine Kristallspitzen hatten. Normalerweise aber bildet Rosenquarz an den Kanten durchscheinende Aggregate ohne Kristallflächen. Wichtige Fundstellen sind heute in Brasilien und Madagaskar.

In der griechischen Mythologie wird erwähnt, dass die Götter Amor und Eros diesen Stein auf die Erde gebracht haben, damit er mit seiner Farbe die Liebe erwecken soll.

Seine Farbe wird erzeugt durch Einschlüsse von feinsten Rutilnädelchen, gemeinsam mit Eisenatomen im Kristallinneren. Die Rutilnädelchen sind eigentlich goldfarben, kommen jedoch im Rosenquarz in mikroskopisch kleiner Form vor, so dass sie ihre Eigenfarbe nicht zeigen.

Der Rosenquarz soll angeblich das Magnetfeld von Bildschirmen beeinflussen. Daher legen viele Menschen diesen Kristall vor den Monitor, um die Bildschirmstrahlung vom Computer oder Fernseher zu reduzieren.

Rosenquarz	
Farbe	rosafarben
Strichfarbe/Mohs-Härte	weiß / 7
Kristallsystem	trigonal
Spaltbarkeit	keine
Chem. Zusammensetzung	SiO_2

Rosenquarz-Stück, Herkunft Brasilien, Minas Gerais

Achat –
farbenprächtige Quarze mit bunten Bändern

Die bunteste Variante der Quarzmineralien sind die Achate. So wie eine Amethystdruse ein Hohlraum im Berg ist, in den vom Rand her einzelne Kristalle angewachsen sind, ist eine Achatmandel ein Hohlraum, der mit dünnen Lagen von Kieselsäure zugewachsen ist, die das in den Berg sickernde Wasser als Hauptbaustoff mitbrachte. Dazu gesellen sich die verschiedensten chemischen Elemente. Der Eisengehalt im Wasser lässt die braunen, gelben und roten Farbbänder entstehen. Auch zarte blaugraue Farben sind möglich.

So legt sich von außen nach innen eine Achatlage an die andere, bis der Hohlraum zugewachsen ist. Ein solcher zugewachsener Hohlraum heißt dann Mandel.

Nach der Gewinnung aus dem Berg wird die Mandel in Scheiben geschnitten, es entstehen die Achatscheiben, die einen Querschnitt der Mandel zeigen.

Schon seit Hunderten von Jahren werden aus Achat die verschiedensten Gebrauchs- und Ziergegenstände hergestellt. Ein Hauptfundort für Achat war schon seit dem 15. Jahrhundert Idar-Oberstein und Umgebung. Hier begann mit den ersten Achatfunden die heute weltbekannte Edelstein-Verarbeitung.

Erst nachdem die hiesigen Funde von Achat zur Neige gingen, begann der Import der brasilianischen Achate, die heute den Hauptteil der angebotenen Scheiben ausmachen.

Achat-Scheibe in Naturfarbe, Herkunft Brasilien, Minas Gerais

Achat aus heimischen Fundstellen

Auch heute noch kann an einigen wenigen Stellen in Deutschland Achat in Steinbrüchen gefunden werden. So ist in den Lavagesteinen der Pfalz mit Glück noch ab und zu ein Achat zu finden, der eine typische und sehr schöne weiß-rote Bänderung zeigt.

Benannt wurde der Achat nach dem Fluss „Achates" in Sizilien, der mit dem heutigen Fluss Drillo identisch sein soll. Schon der griechische Philosoph Theophrast beschrieb den Achat ca. 300 v. Chr. Er schrieb dem Achat die Wirkung zu, mit seiner Hilfe sensibel gegenüber anderen Menschen zu werden.

Schaut man mit dem Mikroskop die Achatlagen an, so entdeckt man, dass diese Lagen aus kleinen feinen Quarzfasern bestehen, die senkrecht zu den Achatbändern angeordnet sind. Solch fein strukturierten Quarz, dessen einzelne Kriställchen erst ab 1000facher Vergrößerung zu sehen sind, nennt man Chalcedon. Dies ist der Hauptbaustoff der Achatbänder.

Achat	
Farbe	**bunt gestreift**
Strichfarbe/Mohs-Härte	**weiß / 7**
Kristallsystem	**trigonal**
Spaltbarkeit	**keine**
Chem. Zusammensetzung	**SiO$_2$, Mikrokristalle**

Achat-Handstück aus der Pfalz in Naturfarbe

Achat – bunte Quarze aus dem Schwarzwald

3 800 Mineralarten: Dies ist die Vielfalt der heute weltweit bekannten Mineralien. Allein 1 000 dieser Mineralarten, die Tonmineralien, bilden so kleine Kristalle, dass sie mit bloßem Auge nicht sichtbar sind. Wir Menschen sehen solche Kristalle nur als farbige Bänder im Gestein. Erst bei 20 000facher Vergrößerung wird deutlich, dass auch die Tonlagen aus einzelnen Kriställchen bestehen.

Im Granit des Schwarzwalds können mit Glück auch heute noch Achate gefunden werden, die grüne Lagen aus solchen Tonmineralien in sich haben. Diese Lagen gehören nicht zu den eigentlichen Achatbestandteilen, da sie nicht aus Chalcedon aufgebaut sind.

Dazu kommen immer wieder weiße bis milchige Bänder in den Schwarzwälder Achaten vor: die Wasseropal-Adern.

Achat-Scheibe aus dem Schwarzwald mit lachendem Gesicht

Achat – Ausgangsmaterial für Kameen

Kameen gelten als Schmuck der Könige. Dazu wurden aus Achaten besonders schön gefärbte Stücke herausgeschnitten, so dass die einzelnen Farbschichten übereinander lagen.

Anschließend arbeitete ein Graveur mit handwerklichem Geschick aus einem solchen Lagenstein ein Relief heraus, wodurch eine Kamee entstand. Motive der Kameen waren oft barocke Frauenköpfe oder Blumen.

Schon seit alters her versuchte man die Farbbänder eines solchen Lagensteins kräftiger zu färben, um schöneren Schmuck herstellen zu können.

So wurden auch grüne, grünblaue und blaue Farben entwickelt, die mit speziellen Verfahren in die Zwischenräume der Achatbänder eingebracht wurden. Zwischen den Achatbändern gibt es nämlich Bereiche, die mikroskopisch kleine Poren besitzen. Hier kann sich die Farbe dann halten.

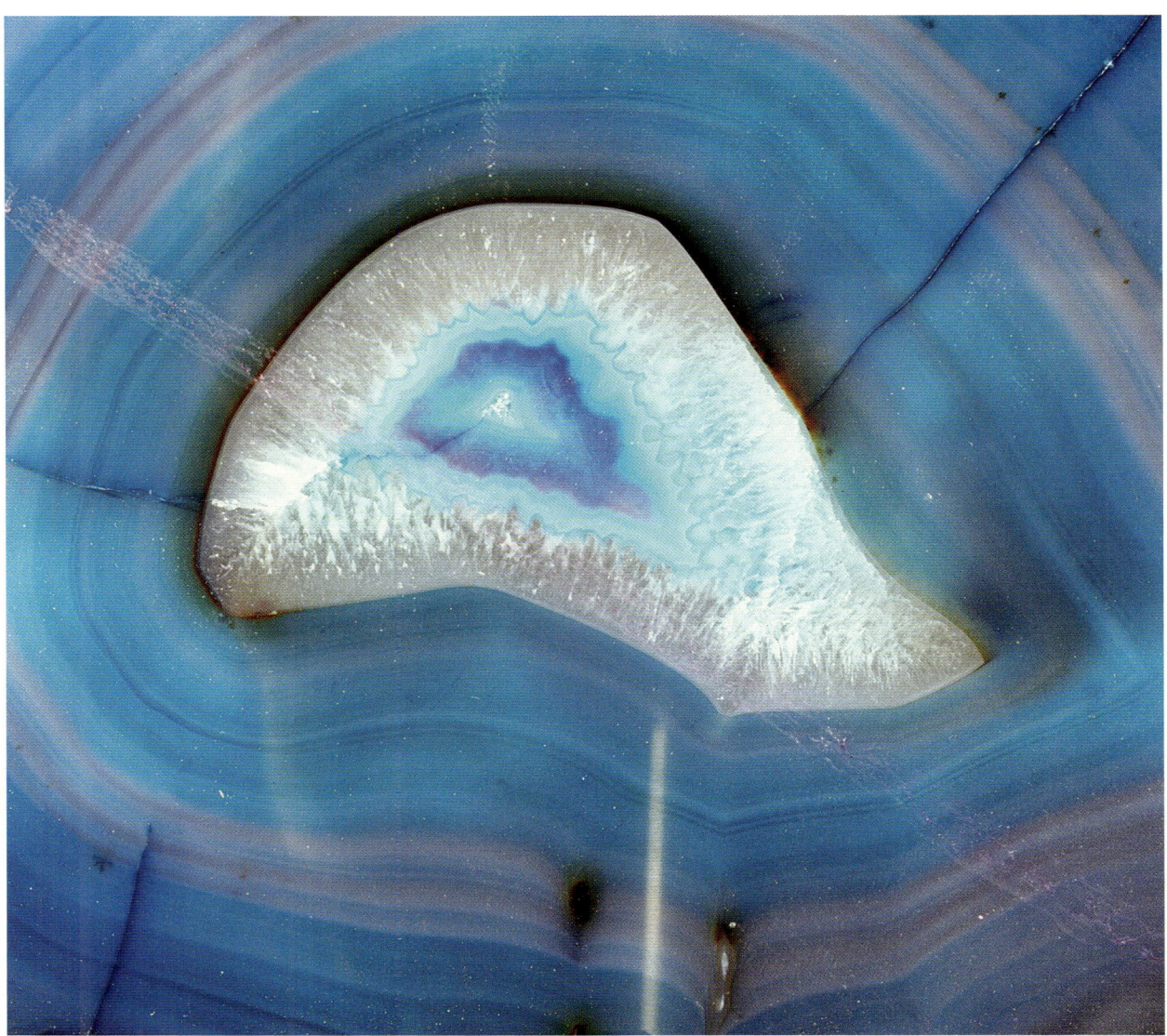

Achat-Scheibe aus Brasilien, blau gefärbt

Achat – natürlich und gefärbt

Brasilien: Große Freude herrscht bei den Landbesitzern über eine neue Achatfundstelle. Doch beim Abbau stellt sich heraus, dass die gefundenen Achate dieser Mine fast einheitlich grau sind und keine bunten Farben zeigen.

Solche Achate werden schon seit langem künstlich gefärbt. Die ersten künstlichen Färbungen ergaben sich durch Zufall am abendlichen Lagerfeuer der Mineiros: Achate, die in der Nähe des Feuers lagen, zeigten durch die Erhitzung plötzlich eine kräftigere Färbung ihrer Bänder. So wurde entdeckt, dass bereits vorhandene Farben durch Erhitzen verstärkt werden können.

Weitere Versuche ließen nicht lange auf sich warten. Schwarzweiß gebänderte Achate entstanden, indem die Poren des Achats mit Zuckerwasser getränkt wurden, das dann beim anschließenden trockenen Erhitzen karamellisierte. So kamen schon recht bald Achate mit braunen und schwarzen Farben auf den Markt.

Aber auch Farben wie Tintenblau, Grün, Pink, Gelb und Violett können durch das Farbeinbringen zwischen die Achatlagen hergestellt werden.

Achat-Scheibe aus Brasilien, pink gefärbt

Der Moosachat

Eine Wiese aus Einschlüssen im Stein? Man könnte an Moos denken, das im Stein eingeschlossen ist, wenn man die Einschlüsse im Moosachat betrachtet. Besonders im durchscheinenden Licht ist zu sehen, dass die grüne Farbe im Moosachat von kleinen Hornblende- und Chlorit-Kriställchen kommt, die unregelmäßig im Stein verteilt sind. Die umgebende milchweiße Masse ist Chalcedon, den wir schon von den hellen Bändern im Achat kennen.

Einzelne bräunliche Flecken zeigen, dass beim Wachstum des Moosachats auch immer wieder Spuren von Eisen im Stein eingeschlossen wurden.

In Indien befinden sich die Vorkommen mit den schönsten Moosachaten. Ebenso wird er in mehreren Staaten der USA gefunden.

Überlieferungen aus arabischen Ländern sagen, dass der Moosachat der Glücksstein der Spieler, aber auch der Gärtner und Bauern ist.

Indischer Moosachat

Edelopal –
der bunteste aller Steine

Wir sind in Australien: Bei dem Ort Cooper Pedy türmt sich Hügel an Hügel. Dazwischen stehen Lastwagen mit großen Bohrern, die neue Schächte ausheben. Es sieht aus, als wenn Maulwürfe die Landschaft durchwühlt hätten.

Männer bohren etwa 10 m tiefe Schächte und graben sich von hier in Stollen durch das Gestein, um die bunten Opal-Adern zu finden. Zwei Sorten von Opal gilt es zu finden: Mit bunt schillernden Farben auf schwarzem Untergrund (schwarzer Edelopal) oder auf weißem Untergrund (weißer Edelopal).

Das bunte Schillern im Stein entsteht dadurch, dass beim Wachstum der Opale kieselsäurehaltiges Gel durch das Gestein sickert. Diese zähflüssige Substanz füllt kleine Spalten im Gestein aus. Durch allmähliche Wasserabgabe wird das Gel immer fester, bis Opal entstanden war. Betrachtet man Opal im Elektronenmikroskop bei 10 000facher Vergrößerung, so wird der Aufbau der Opale sichtbar, der aus unendlich vielen kleinen Kieselsäure-Kugeln besteht. Diese Kugeln sind in Schichten übereinander gelagert. Je nach Größe dieser Kugeln ergeben sich die unterschiedlichen Farben.

Seinen Namen hat der Opal nach dem altindischen Wort „upala", was so viel wie Stein/Edelstein heißt.

Der Boulderopal – bunte Adern im Gestein

Am häufigsten kommen die Edelopal-Adern in dünnen Bändern vor, die fest in Gestein eingelagert sind. Nach dem englischen Wort für Gesteinsbruchstücke, die Boulder, heißt ein solches Opal-Stück Boulderopal.

Schon Plinius beschrieb das Farbenspiel des Opals so: „Er hat das zarte Feuer des Karfunkels, das glänzende Purpur des Amethysts, das Grün des Smaragds und das tiefe Blau des Saphires, so dass alle Farben in wunderbarer Mischung glänzen."

Den Indern gilt der Opal als Glücksbringer. Dies sehen die Schürfer in Australien sicher genauso, wenn ihnen ein einmaliger Fund gelingt.

Opal ist wasserhaltig. Daher sollte er nie hohen Temperaturen und Hitze ausgesetzt sein, da er dann reißen kann. Außerdem verliert er beim Austrocknen sein schönes Farbspiel.

Die Hauptfundorte für Opal sind heute: Lightning Ridge und Cooper Pedy in Australien sowie Queretaro in Mexiko. Dazu gibt es einige kleine Fundstellen in Idaho/USA.

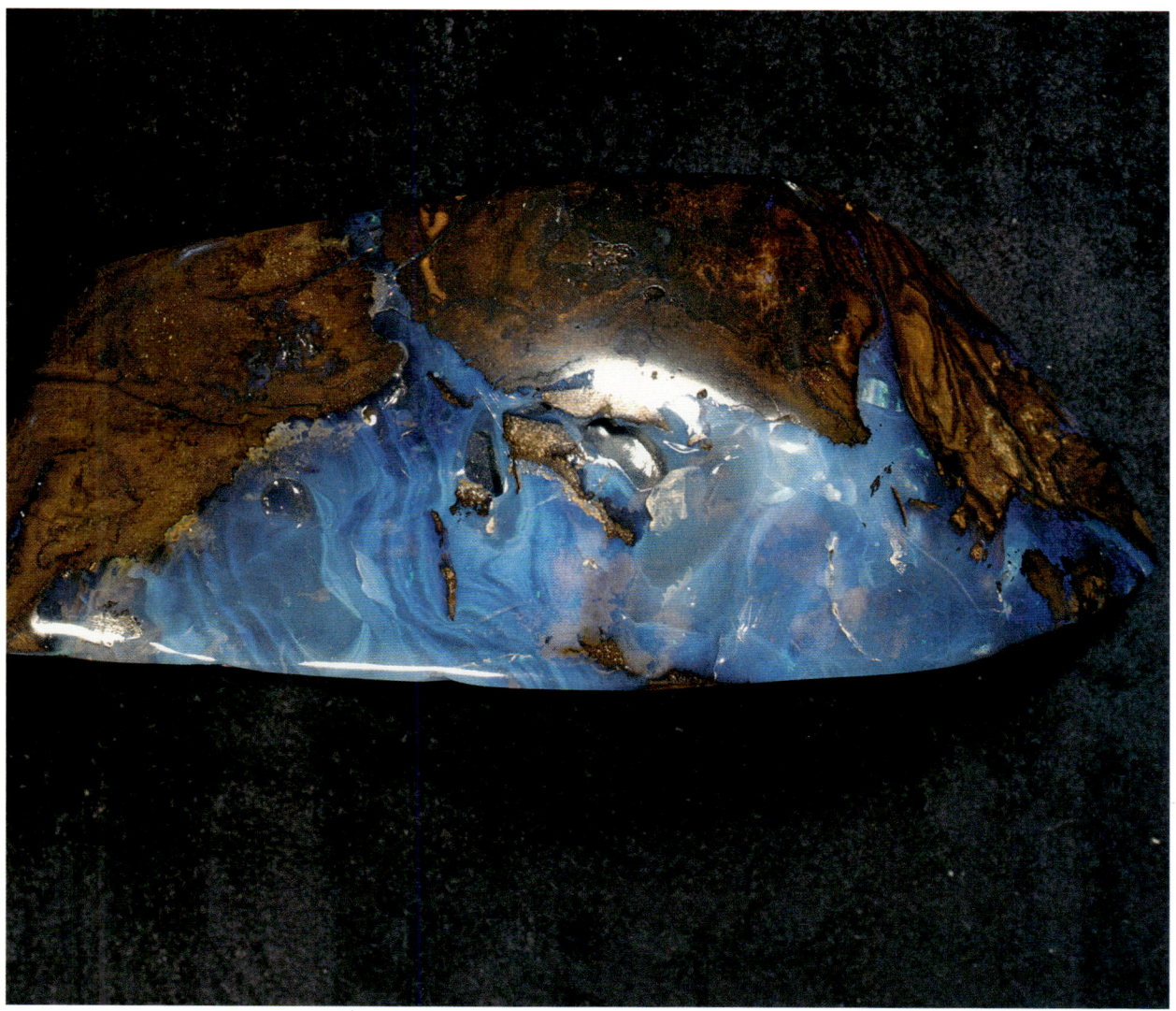

Edelopal-Adern in Muttergestein, Lightning Ridge, Australien

Feueropal –
Zeuge der Geologie aus Mexiko

Schon seit ca. 1780 sind Feueropal-Fundstellen in Mexiko bekannt. Der berühmte Naturforscher Alexander von Humboldt brachte im Jahr 1804 Feueropale mit nach Europa. Ihn faszinierte, wie viele seiner Zeitgenossen auch, das intensive orangefarbene Funkeln der Steine.

Heutige Untersuchungen des Feueropals zeigen, dass sein innerer Aufbau, wie beim Edelopal auch, aus vielen kleinen Kieselsäure-Kügelchen in Lagen übereinander besteht. Feine Spuren von Eisen erzeugen die orange Farbe.

Die wichtigsten Fundstellen Mexikos sind bei Zimapan in der Provinz Hidalgo sowie in der Provinz Queretaro und bei Magdalena (Sadao-Minen) in den nordwestlichen Landesteilen.

Weitere Fundstellen liegen in Brasilien, Guatemala, USA und Westaustralien.

Opal	
Farbe	**orange bis gelb**
Strichfarbe/Mohs-Härte	**weiß / 5–6**
Kristallsystem	**trigonal**
Spaltbarkeit	**keine**
Chem. Zusammensetzung	**SiO_2 – Kieselgel**

Feueropale in Bimsmatrix

Andenopal –
Stein mit zauberhaftem Blauschimmer

Ein sanfter Morgenwind weht. Der Kondor zieht hoch über den Anden seine Kreise.

In der Morgenstille hört man ein Klopfen, irgendwo hinten im Tal der Hochebene.

Beim Näherkommen sieht der Bergsteiger, wie einige Männer die Felswände mit Stangen, Pickeln und Hacken bearbeiten. Sie bergen hellblaue Steine, die erst seit wenigen Jahren bekannt sind.

Nach dem Schleifen und Polieren, das für Versuchsstücke gleich vor Ort mit primitiven Geräten gemacht wird, beginnen die Steine von innen heraus hellblau zu leuchten. Es scheint, als ob ein inneres Feuer leuchtet. Jedoch ist kein buntes Farbspiel zu sehen. Dieses ist den Edelopalen aus Australien vorbehalten.

In vielen Andenopalen sind kleine braune Ästchen zu sehen. Das sind sehr fein gewachsene Manganoxid-Mineralien, die in Rissen der Opale Dendriten bilden.

Andenopal	
Farbe	**hellblau bis hellgrün**
Strichfarbe/Mohs-Härte	**weiß / 5–6**
Kristallsystem	**trigonal**
Spaltbarkeit	**keine**
Chem. Zusammensetzung	**SiO_2O**

Andenopal-Trommelstein auf eisenhaltigem Sand

Tigerauge –
Rohsteine, die das Licht fangen

Ein Riss läuft durch ein Gestein. Dieser Riss ist etwa 10 cm breit und einige Meter lang. Jahr für Jahr wächst an den Seiten des Risses eine Schicht aus Tigerauge, bis der Riss geschlossen ist.

Ein solcher Vorgang fand vor Jahrtausenden in vielen Gesteinsspalten Südafrikas statt. Daher werden Tigerauge-Rohsteine auch meist als Schicht oder Platten gefunden, die nur bei genauerer Betrachtung das wunderbare Schimmern zeigen, das nach dem Polieren immer zu sehen ist.

Es ist ein großes Glück, Tigerauge-Rohsteine zu sehen. Die südafrikanische Regierung hat schon seit ca. 1970 ein Ausfuhrverbot für Tigerauge-Rohsteine erlassen. Es dürfen seitdem nur fertig bearbeitete Tigerauge-Steine exportiert werden.

Tigerauge	
Farbe	**braun bis braungelb**
Strichfarbe/Mohs-Härte	**gelbbraun / 6–7**
Kristallsystem	**trigonal**
Spaltbarkeit	**keine**
Chem. Zusammensetzung	**SiO$_2$**

Tigerauge-Rohstein

Funkelnder goldener Schimmer

Wir betrachten einen Tigerauge-Anschliff: ein fantastisches, goldfarbenes Schimmern nimmt uns gefangen. Bewegt man den Stein unter einer Lichtquelle hin und her, so laufen Lichtlinien wie Wellen über den Stein.

Erzeugt wird dieser Schimmer durch viele parallele Fasern, die das Tigerauge durchziehen. Diese Fasern sind in die Quarzmatrix eingewachsen und bestehen aus Eisen.

Im Mittelalter sollten Tigerauge-Steine gegen den bösen Blick und Verhexung schützen und vor verbrecherischen Handlungen bewahren.

Die bedeutendsten Fundstellen liegen in Südafrika. Dort wird das Tigerauge in der Nähe von Asbest-Minen gefunden in Griqualand West, ca. 150 km westlich von Kimberley, der berühmtesten Diamantfundstelle. Ferner kommt das Tigerauge in Ord Range bei Mount Glodsworthy in Westaustralien, in Birma, in den USA und im südlichen Indien vor.

Schmuckstück aus poliertem Tigerauge

Falkenauge –
geheimnisvolles Blau im Stein

Dort, wo das Tigerauge vorkommt, ist oft auch das Falkenauge zu finden. Sein herrlicher blauer Schimmer ist selten und zeigt sich erst in ganzer Pracht, wenn der Stein im hellen Tageslicht betrachtet wird. Seine Fasern sind, im Gegensatz zum Tigerauge, keine Eisenadern, sondern Krokydolith-Fasern.

Betrachtet man den Stein genauer, stellt man fest, dass die Anordnung der vielen parallelen Krokydolith-Fasern senkrecht zur Lichtline liegt, die auf dem Stein hin und her schimmert.

Am schönsten ist der schimmernde Effekt, wenn der Stein halbrund geschliffen ist. Das Schimmern erinnert dann an die Pupille eines

Falken. Daher kam wohl im Mittelalter der Glaube, dass ein Amulett aus Falkenauge gegen den bösen Blick von Hexen und Zauberern schützt. Zur Zeit der Inquisition wurde Frauen, die der Zauberei verdächtig waren, ein Falkenauge vorgehalten. Wandten sie beim Anblick des Steins das Gesicht ab, galten sie als überführt.

Falkenauge	
Farbe	**dunkelblau**
Strichfarbe/Mohs-Härte	**dunkelblau / 6–7**
Kristallsystem	**trigonal**
Spaltbarkeit	**keine**
Chem. Zusammensetzung	**SiO_2**

Falkenauge-Trommelsteine aus Südafrika

Karneol –
orange wie die Kornelkirsche

Edelstein von der Farbe der Kornelkirsche – so nannten die Türken in Kleinasien diesen Stein wegen seiner Farbe. Durch sein leuchtendes Orange fällt er auf unter der Vielzahl der Quarzmineralien.

Er ist verwandt mit dem Chalcedon, der die bunten Bänder im Achat aufbaut. Schaut man sich mit dem Mikroskop ein rotes Achat-Band an, wird man feststellen, dass der Aufbau dieses Achatbandes nahezu derselbe ist wie beim Karneol.

Die wichtigsten Fundstellen von Karneol sind heute in Rio Grande do Sul, Brasilien, in Uruguay und in Indien zu finden.

Schon Hildegard von Bingen umgab sich mit diesem durch eingeschlossenes Eisen orange gefärbten Quarzkristall und schrieb ihm blutstillende Wirkung zu.

Karneol	von: „corna" = Kornelkirsche
Farbe	rotorange
Strichfarbe/Mohs-Härte	weiß / 6–7
Kristallsystem	trigonal
Spaltbarkeit	keine
Chem. Zusammensetzung	SiO_2

Karneol-Trommelsteine auf Moos

Aventurinquarz –
schimmernder Quarz in grüner Farbe

17. Jahrhundert: In Murano bei Venedig entwickelten Mönche den Goldfluss, ein Glas, in welches „a ventura", also „zufällig verteilt", Kupferspänchen gestreut werden. Damit bekommt das Glas ein funkelndes Aussehen. Von diesem Begriff „a ventura" hat der Aventurinquarz seinen Namen. In seiner grünen Grundmasse liegen zufällig verteilte feine Glimmerkriställchen, die den Stein zum Funkeln bringen.

Die Griechen sagten dem grünen Aventurinquarz wegen seines Funkelns die Eigenschaft zu, Mut, Ehrgeiz und Lebensfreude zu fördern.

Untersucht man den Aventurinquarz unter dem Mikroskop genauer, so ergibt sich, dass die eingeschlossenen feinen Glimmerplättchen zur Mineralart Fuchsit gehören, einem der zehn Mineralien aus der Glimmergruppe.

Wichtige Vorkommen von Aventurinquarz finden sich in Bellary im südlichen Indien, in Russland und in Tansania.

Aventurinquarz	von: „a ventura" = zufällig verteilte Pünktchen im Stein
Farbe	**grün, weiß, grau, rötlich**
Strichfarbe/Mohs-Härte	**weiß / 7**
Kristallsystem	**trigonal**
Spaltbarkeit	**keine**
Chem. Zusammensetzung	**SiO_2**

Brasilianischer Aventurinquarz auf eisenhaltigem Sand aus der Pfalz

Blutjaspis –
die rote Variante der Jaspisse

Auf der ganzen Welt werden Jaspis-Mineralien gefunden. Die Herkunftsländer mit den schönsten Mineralien sind Ägypten, Australien, Brasilien, Indien, Kanada, USA, Madagaskar und Uruguay.

Ein roter Blutjaspis soll nach der Sage das Schwert des Siegfried geschmückt haben. Sowohl bei den Indern als auch bei den Indianern galt der Jaspis als Regenzauberstein. Die

Ägypter gravierten Skarabäen aus Jaspis, die auch als Amulette dienten.

Sehr schöne rot-gelb gesprenkelte Jaspisse werden schon seit ca. 400 Jahren in der Idar-Obersteiner Umgebung gefunden. Solche Funde führten, neben den Achatfunden, zur Begründung der hiesigen Edelsteinschleifereien, von denen es noch heute ca. 200 Betriebe gibt.

Blutjaspis	von: „iaspis" = gesprenkelter Stein
Farbe	**rot**
Strichfarbe/Mohs-Härte	**weiß / 6–7**
Kristallsystem	**trigonal**
Spaltbarkeit	**keine**
Chem. Zusammensetzung	**SiO$_2$**

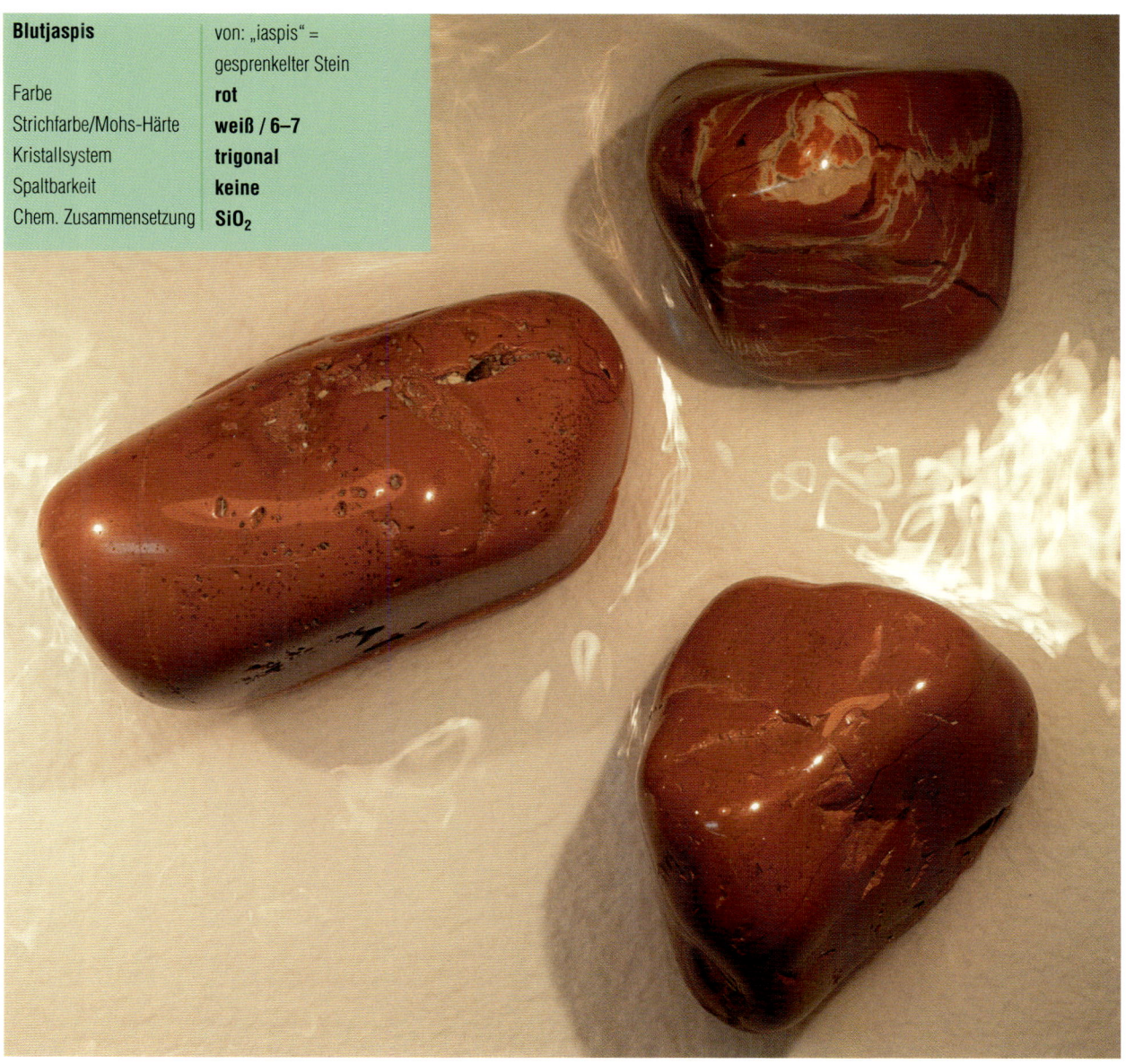

Brasilianischer Blutjaspis im Regenwasser

45

Bunter Jaspis –
Landschaften im Stein

Das griechische „iaspis" bedeutet „gesprenkelter" oder „geflammter" Stein. Und in der Tat sind Jaspis-Mineralien oft bunt gesprenkelt. Ab und zu bilden die vielen Farben im Stein sogar Landschaften oder Bilder.

Die Jaspisse sind die buntesten undurchsichtigen Vertreter der Quarzmineral-Gruppe. Sie haben, je nach Erscheinungsbild, Dutzende verschiedener Handelsnamen und Bezeichnungen. Allen gemeinsam ist jedoch der Hauptbaustoff, die Kieselsäure. Daher gehören die Jaspisse zur Quarz-Mineralgruppe. Viele chemische Stoffe kommen zur Kieselsäure beim Wachstum der Jaspisse hinzu, so ergeben sich die Farben.

In der Natur wird man keine zwei Jaspis-Mineralien finden, die genau gleich aussehen. So hilft zum Erkennen nur, wie in der Mineralien-welt so oft, die Übung und Erfahrung im Bestimmen von Mineralien.

Die wichtigsten Handelsnamen sind: Landschaftsjaspis, Bilderjaspis, Leopardenjaspis, Blutjaspis u. v. m.

Jaspis	von: „iaspis" = gesprenkelter Stein
Farbe	**naturfarben, bunt**
Strichfarbe/Mohs-Härte	**weiß / 6–7**
Kristallsystem	**trigonal**
Spaltbarkeit	**keine**
Chem. Zusammensetzung	**SiO$_2$**

Anschliff eines bunten Jaspis aus Deutschland, Nähe Idar-Oberstein

Leopardenjaspis – Kreismuster in Stein

Ein Rohstein liegt vor der Sägemaschine. Nun beginnt die Maschine zu arbeiten, trennt den Rohstein durch. Nach dem Schleifen der Schnittfläche kommt plötzlich die ganze Pracht des Steins zum Vorschein: Er zeigt kugelige Strukturen in allen Naturfarben, bunt gemischt von hellgelb über cremefarben bis zu braun, rot und schwarz.

Solche Jaspis-Steine werden seit einigen Jahren in Minen tief im brasilianischen Dschungel gefunden. Wegen der vielen Kreismuster, die an die Punkte im Leopardenfell erinnern, bekam der Stein den Namen Leopardenjaspis.

Er gehört, wie alle Jaspisarten, zu den Quarzmineralien. Zum Hauptbaustoff der Quarze, der Kieselsäure, kommen hier Eisen- und Manganoxide als farbgebende Elemente hinzu.

Anschliff eines Leopardenjaspis, Brasilien

Ozeanjaspis –
eine neue Farbe unter den Jaspis-Kristallen

Wie kommt die Kugel in den Stein? Poliert man die grün-weißen Stücke von Ozeanjaspis, treten viele kreisförmige Strukturen zutage, die nahezu den gesamten Stein aufbauen. Es gibt grüne, durch Chlorit gefärbte Bereiche sowie weiße Bereiche, die aus Chalcedon bestehen. Diese Bereiche sind bei Ozeanjaspis oft als Kugeln ausgebildet, die beim Durchsägen als Kreis erscheinen.

Beim Wachstum des Ozeanjaspis entstehen auf kleinen Quarzkrümeln, die nebeneinander liegen, dünne Lagen von Chalcedon, die Schicht für Schicht die Quarzkrümel umhüllen. Dies geht so lange, bis sich die wachsenden Kugeln berühren. Nun ist der Riss im Gestein, in dem der Jaspis wächst, ausgefüllt und das Wachstum kommt zum Stillstand. Bunter Ozeanjaspis mit Kugelstrukturen ist entstanden.

Erst seit einigen Jahren ist der grün-weiße Ozeanjaspis bekannt, der in einer brasilianischen Mine gefunden und abgebaut wird.

Ozeanjaspis	von: „iaspis" = gesprenkelter Stein
Farbe	**naturfarben, grünweiß**
Strichfarbe/Mohs-Härte	**weiß / 6–7**
Kristallsystem	**trigonal**
Spaltbarkeit	**keine**
Chem. Zusammensetzung	**SiO$_2$**

Ozeanjaspis mit Kugelstruktur

48

Versteinertes Holz –
ein Vertreter der Quarzmineralien

Im nächtlichen Sumpfgebiet vor 150 Millionen Jahren: Wind kommt auf, die Vögel flüchten aus den Baumkronen. Nach Stunden wird der Wind immer stärker, wird zum Sturm. Am nächsten Morgen steigt die Sonne auf und mit dem aufkommenden Tageslicht wird das ganze Ausmaß der Katastrophe sichtbar: Viele Bäume haben die Sturmnacht nicht überlebt und liegen im flachen Wasser des Sumpfs.

Es beginnt die langsame Zersetzung des Holzes, die von nun an mehrere tausend Jahre dauern wird. Zelle für Zelle der Holzstämme geht unter Flachwasser-Überdeckung und damit unter Luftabschluss zugrunde. Aber nun passiert auch eine geologische Besonderheit: Im Wasser ist ausreichend viel Kieselsäure enthalten, um die Hohlräume der vergehenden Holzzellen wieder zu füllen. So wandeln sich die Stämme langsam von Holz zu Stein um, die Bäume versteinern.

All dies ist geschehen im „versteinerten Wald", der im heutigen trockenen Klima bei Holbrook/USA zu finden ist. Die heutigen versteinerten Hölzer haben keine Holzbestandteile mehr in sich, vielmehr bestehen sie, wie die Quarzmineralien, aus Kieselsäure, meist mit der Zusammensetzung des Chalcedons.

Weitere Fundstellen sind: Ägypten, Wyoming und Nevada/USA.

Versteinerte Hölzer, ganz links Araukarie, USA

Uralte Holzstämme –
150 Millionen Jahre alt

Ein Ast aus der Wüste? Hier gibt es doch keine Bäume!

Vor Millionen Jahren war hier, im versteinerten Wald (USA), keine Wüste, sondern eine blühende Sumpflandschaft mit viel Vegetation. Nach dem Absterben der Bäume wurden diese nicht vollständig zersetzt. Vielmehr wurden die vergehenden Zellen im Holz nach und nach mit Kieselsäure gefüllt. So erhielt sich die Holzstruktur und ist heute als „Kieselholz" oder versteinertes Holz bekannt.

Wenn solche Äste geschnitten und poliert werden, zeigen sich flammenartige Strukturen im Kieselholz und verdeutlichen dem Betrachter noch einmal das ehemalige Leben im Holz. Mit Fantasie können auf einer polierten Fläche sogar Figuren und Landschaften beobachtet werden.

Versteinertes Holz	
Farbe	**naturfarben, weiß, grau, rötlich, braun**
Strichfarbe/Mohs-Härte	**weiß / 7**
Kristallsystem	**trigonal**
Spaltbarkeit	**keine**
Chem. Zusammensetzung	**SiO$_2$**

Kieselholz aus dem versteinerten Wald, USA

Araukarie –
zu Stein gewordener Nadelbaum

Araukarie auf Nadelbaum, USA

Die farbenprächtigsten Kieselhölzer sind versteinerte Araukarien. Diese Nadelbäume sind noch heute in wärmeren Gegenden unserer Erde zu finden. Intensiv gefärbte Bänder – rot, gelb, orange – wechseln miteinander ab und zeigen dem Betrachter eine einzigartige Vielfalt von Strukturen im Kieselholz.

Die große Härte, die das Sägen und Schleifen von versteinerter Araukarie erschwert, ist auf die hohe Materialdichte zurückzuführen. Die lebende Araukarie besaß sehr kleine Poren und dichte Zellstofflagen. Während der Versteinerung bildete die ins Holz eindringende Kieselsäure sehr dichte, feste Schichten.

Chemische Reaktionen der Säuren im Holzstamm mit der eindringenden Kieselsäure lassen das herrliche Farbenspiel entstehen, an dem die versteinerte Araukarie sofort erkannt werden kann.

Mondstein –
blauer Schimmer auf weißem Stein

Der zarte Lichtschimmer des Mondes scheint auf der Oberfläche eines gewölbt geschliffenen Mondsteins gefangen. Wird der Stein in der Sonne hin und her bewegt, entsteht ein zarter Blauschimmer, der als Linie über den weißen Stein wandert.

Der Mondstein entstammt der Gruppe der Feldspat-Mineralien. Feldspat-Kristalle sind jeweils eine Mischung aus drei Mineralien: Orthoklas $K(AlSi_3O_8)$, Albit $Na(AlSi_3O_8)$ und Anorthit $Ca(Al_2Si_2O_8)$. In dieser Mineralgruppe gibt es drei bekannte Schmucksteine: allen voran der Mondstein, dann der Sonnenstein und der Labradorit/Spektrolith.

Schon seit alters her sind die Menschen fasziniert vom blauen Leuchten des Mondsteins, das aber im ungeschliffenen Rohstein noch nicht zu sehen ist. Dieses entsteht erst durch einen gewölbten Schliff, so dass sich Sonnenlicht im Stein brechen kann.

Die berühmtesten Vorkommen von Mondstein liegen auch heute noch, wie schon seit Jahrhunderten, im Landesinneren und im Süden der Insel Sri Lanka. Weitere Herkunftsländer sind Brasilien, Madagaskar, Australien, Tansania und USA.

Mondstein	
Farbe	**milchig weiß, poliert mit blauem Schimmer**
Strichfarbe/Mohs-Härte	**weiß / 6**
Kristallsystem	**monoklin**
Spaltbarkeit	**gut**
Chem. Zusammensetzung	**$K(AlSi_3O_8)+Na(AlSi_3O_8)$**

Mondsteine aus Sri Lanka auf Limburgit-Gestein vom Kaiserstuhl

52

Labradorit –
der farbenprächtigste der Feldspäte

Norwegischer Labradorit eignet sich hervorragend als Schmuckstück

Im Jahr 1770: Es ist still in der weiten Landschaft Nordkanadas. Die Halbinsel Labrador erwacht. Kirchenglocken läuten, der Morgengottesdienst der Herrenhuter Missionare ist gerade beendet und die Kirchenbesucher kommen aus dem Gebäude.

Auch der Missionar, der die Messe gelesen hat, macht sich auf den Heimweg. Er macht diesmal einen Umweg und besucht eine Felswand, für die er sich schon lange interessiert hat. Da funkelt es ihm im Licht der Morgensonne entgegen: ein Stein schimmert blau, goldgelb und grünlich. Aus der Wand herausgehauen, nimmt er den Stein mit zum weiteren Schleifen.

Nachdem der Stein poliert ist, zeigt er metallisch glänzende Farben auf grüngrauem Untergrund, die im darauf fallenden Licht sichtbar werden: Der Labradorit ist entdeckt.

Der Labradorit gehört zur Feldspat-Mineralgruppe. Er schimmert durch viele parallele Schichten in seinem Inneren, die mikroskopisch fein miteinander verwachsen sind. Das darauf fallende Sonnenlicht wird durch Spiegelung zwischen diesen Schichten in seine bunten Bestandteile zerlegt.

Besonders bunte Labradorite werden wegen ihres Farbspektrums Spektrolith genannt.

Fundorte sind Kanada, Nordnorwegen.

Labradorit	besonders bunt auch: Spektrolith
Farbe	metallisch schimmernd
Strichfarbe/Mohs-Härte	weiß / 6–7
Kristallsystem	triklin
Spaltbarkeit	vollkommen
Chem. Zusammensetzung	(Ca, Na), (AlSi)$_2$ Si$_2$O$_8$

53

Amazonit –
Edelstein aus dem Amazonas-Dschungel

Die Feldspatgruppe hat einen weiteren Edelstein zu bieten: den Amazonit. Der Amazonit ist undurchsichtig blaugrün bis dunkelgrün. Als Alexander von Humboldt von einer seiner Reisen zurückkam, berichtete er, dass am Rio Negro in Brasilien Schmuck mit Amazonit-Steinen getragen würde. Die Ureinwohner hatten ihm erzählt, dass diese Steine aus dem „Land der Weiber ohne Männer" stammen würden. Somit kommt der Name wohl nicht vom Amazonas-Gebiet, sondern vermutlich aus dem Land der indischen Amazonen.

Die brasilianischen Indianer verehrten den Amazonit als heiligen Stein.

Mineralogisch ist der Amazonit ein Orthoklas, also eines der Hauptmineralien der Feldspat-Guppe. Seine grüne Farbe entsteht wohl durch einen geringen Kupfergehalt im Stein.

Heute werden Amazonite in USA (Colorado), Brasilien, Kaschmir, Indien und Madagaskar gefunden.

Amazonit	
Farbe	**grün, undurchsichtig**
Strichfarbe/Mohs-Härte	**weiß / 6–6½**
Kristallsystem	**triklin**
Spaltbarkeit	**vollkommen**
Chem. Zusammensetzung	$K(AlSi_3O_8)$

Polierte Amazonit-Cabochons auf Dolomit-Kristallen

Aquamarin –
ein Verwandter des Smaragds

Was fasziniert den Menschen mehr als reine, intensiv gefärbte Edelsteine, die in der Sonne strahlen?

Seit Jahrhunderten gehören Aquamarine zu den beliebtesten und wertvollsten Edelsteinen, die unsere Natur wachsen lässt. Hellblaue und

beim Rohstein helle blaugrüne Farben sind unter vielen Edelsteinfreunden bekannt und weisen auf Aquamarin hin.

Die feinsten Farben entstammen der Mine Santa Maria in Ceará, Brasilien. Nach dieser Mine sind die intensivsten Farben des Aquamarins benannt.

Aus der Mineralgruppe der Berylle stammend, ist der Aquamarin verwandt mit Smaragd (grün), Goldberyll (goldgelb) und Morganit (rosa bis rot). Mit diesen hat er seine Grundchemie gemeinsam, durch verschiedene weitere chemische Elemente bekommen die Berylle ihre jeweilige Farbe. So wird der Aquamarin durch Einschluss von Eisen hellblau.

Der größte Aquamarin in guter Qualität wurde 1910 in Marambaya/Minas Gerais/Brasilien gefunden. Er wog 110 kg, war 48,5 cm lang und hatte einen Durchmesser von 41–42 cm.

Aus diesem fantastischen Rohstein wurden Edelsteine im Gewicht von 100 000 Karat geschliffen.

Fundorte: Brasilien mit Minen, die über das ganze Land verteilt sind, und Pakistan.

Aquamarin auf seinem Muttergestein, dem Marmor

55

Aquamarin – hellblauer Stein, oft in Schmuck gefasst

Aquamarin-Rohkristalle, die in den Minen gefunden werden, sind oft nicht von vornherein hellblau gefärbt. Die Naturfarbe ist in der Regel ein helles Grünblau und erinnert noch nicht an die Farbe, die geschliffene Aquamarine im Schmuck zeigen.

Das bekannte Aquamarin-Blau wird bei den meisten Steinen durch Erhitzung auf mehr als 200 °C erreicht. Bei dieser Wärme ändert sich die Farbe und es entsteht das bekannte kräftige Hellblau.

Diese Farbbehandlung wird bei Aquamarinen fast immer gemacht. Dennoch sind die intensiv hellblauen Steine wertvoller als blassere Steine, da durch längeres Erhitzen die Farbe nicht automatisch immer intensiver wird. Jeder Stein kann durch diese Behandlung nur zu einem Farbmaximum gebracht werden, das von der Menge der Eisenatome im Kristall abhängt.

Selten werden Aquamarine bereits mit hellblauer Farbe aus dem Gestein gewonnen. Besonders feine Farben kommen aus der Mine Santa Maria in Brasilien, wonach die besten Qualitäten von Aquamarin auch den Namen „Santa Maria" erhalten haben.

Ähnlich gut gefärbte Aquamarine aus Afrika/ Mozambique werden „Santa Maria Africana" genannt.

Fundorte: Brasilien/Minas Gerais, Pakistan.

Facettierter Aquamarin in Hellblau

Aquamarin	von: „aqua" = Wasser, „mare" = Wasser des Meeres
Farbe	hell grünblau, hellblau
Strichfarbe/Mohs-Härte	weiß / 7–8
Kristallsystem	hexagonal
Spaltbarkeit	undeutlich
Chem. Zusammensetzung	$Al_2Be_3 (Si_6O_{18})$

Smaragd –
grüner Beryll mit fantastischem Schimmer

Schon die Inkas haben die Minen bei Muzo in Kolumbien auf der Suche nach Smaragden betrieben. Nach dem Untergang der Inkas in Vergessenheit geraten, wurden die alten Stollen im 17. Jahrhundert wieder entdeckt und in Betrieb genommen. Von hier kommen Smaragde in allerfeinster Qualität mit tiefgrünen Farben, die mitunter auch fast einschlussfrei sind.

Meist werden die Smaragde in grauschwarzen Schiefertonen und grauen Kalksteinen gefunden.

Schon 50 v. Chr. betrieb Königin Kleopatra Smaragdminen in Oberägypten. Diese sind heute jedoch in Vergessenheit geraten und haben nur noch historischen Wert.

Die bekannteste europäische Fundstelle für Smaragde ist das Hapbachtal in Österreich, wo bis heute kleine Smaragde, leider meist nicht in Edelsteinqualität, gefunden werden. Schon das österreichisch-deutsche k. u. k.-Königshaus besaß Smaragde von hier in seinem Kronschatz.

Smaragd-Kristalle in Naturform

Smaragde – grüner Stein aus dem Urwald Kolumbiens

Ortschaft Muzo im Urwald Kolumbiens: Auf einer Halde von schwarzem Pegmatit-Gestein treffen sich im Morgengrauen mehrere Männer, alle schwer bewaffnet und mit Leibwächter: Der tägliche Smaragd-Markt ist eröffnet. Hier treffen sich die einflussreichsten Minenbesitzer und verkaufen ihre schönsten Smaragde, die im schwarzen Gestein am Vortag aus dem Berg herausgearbeitet wurden.

Anschließend kommen die Steine über Großhändler in Bogota und Importeure zu uns nach Europa.

Smaragde sind sehr begehrt und erzielen in ihren edelsten Grünfarben Preise bis zu 10.000,00 Euro pro Karat Gewicht, wenn sie nahezu einschlussfrei sind.

Sie sind enge Verwandte des Aquamarins, da auch sie zur Beryll-Mineralgruppe gehören. Das Spurenelement Chrom färbt sie grün.

Hauptfundorte sind heute Kolumbien und Simbabwe, Afrika.

Smaragd	von: „smaragdos" = grüner Stein
Farbe	**grün**
Strichfarbe/Mohs-Härte	**weiß / 7–8**
Kristallsystem	**hexagonal**
Spaltbarkeit	**undeutlich**
Chem. Zusammensetzung	$Al_2Be_3 (Si_6O_{18})$

Facettierter Smaragd zum Fassen in ein edles Schmuckstück

Turmaline –
schwarze Prismen auf hellem Bergkristall

Schon in der Antike war Turmalin im Mittelmeerraum bekannt. Doch erst 1703 kamen die ersten Turmaline durch holländische Kaufleute von Ceylon nach West- und Mitteleuropa. Sie bezeichneten den Turmalin mit einem singhalesischen Wort als „turamali", was so viel wie „Stein mit gemischten Farben" bedeutet.

Beim Bau der Eisenbahntunnels in der Schweiz im 19. und 20. Jahrhundert wurden auch hier herrliche schwarze Turmaline entdeckt, die nach einem alten Bergmannsausdruck für „falsches Erz" von nun an Schörl hießen.

Diese Schörl-Kristalle sind oft auf Bergkristall aufgewachsen und bilden mit diesem zusammen wunderbare Kristallstufen.

Ganz typisch für gut ausgebildete Kristalle ist eine dreieckige Querschnittsform mit leicht nach außen gewölbten Kanten. Dies ist am besten zu sehen, wenn man von oben auf die Kristallspitze sieht. Zusätzlich haben Turmaline oft eine Flächenstreifung in Längsrichtung des Kristalls. Diese beiden Eigenschaften machen eine Unterscheidung zu anderen Mineralarten eindeutig.

Schörl-Kristalle auf Bergkristall

Alle Farben der Natur

Es ist Abend, die Turmalin-Suche ist für heute beendet. Die brasilianischen Mineiros sitzen beim Feuer und braten sich Fleisch. Neben ihnen liegen die Turmaline, die sie heute gefunden haben. Beim Backen des Fladenbrots fällt etwas Mehl auf einen Turmalin, und plötzlich sieht der Mineiro, wie sich das Mehl nur auf einem Ende des Kristalls sammelt, während das andere Ende frei von Mehl bleibt. Der pyroelektrische Effekt des Turmalins ist entdeckt.

Dieser Effekt besteht darin, dass sich ein Turmalin-Kristall bei Erhitzung elektrostatisch auflädt. An einem Kristallende entsteht dabei eine positive, am anderen Ende eine negative elektrische Ladung. Dieser Effekt ist typisch für Turmaline und tritt bei allen Kristallen auf, gleich welche Farbe diese haben.

Rubellit-Kristalle auf Fluorit und Glimmer, Brasilien

Rubellit –
die rote Farbe des Turmalins

Turmalin kommt in allen Farben vor. Eine besonders schöne und mit die wertvollste Farbe stellt das Rot bzw. Rotviolett des Rubellits dar. Schon in den Monarchien des Mittelalters war der Rubellit ein beliebter Schmuckstein für die Kronschätze.

Im Kremlschatz befindet sich ein als Anhänger geschliffener Rubellit mit einem Gewicht von 255 Karat und einer Höhe von 4 cm. Er stellt eine Dolde von Weintrauben dar. Zwischen 1575 und 1777 wechselte er mehrfach den Besitzer und befindet sich nun seit über 200 Jahren im Besitz Russlands.

Turmalin	von: singhalesisch „turamali" = Stein mit gemischten Farben
Farbe	**alle Farben**
Strichfarbe/Mohs-Härte	**weiß / 7–7½**
Kristallsystem	**trigonal**
Spaltbarkeit	**undeutlich**
Chem. Zusammensetzung	**Grundformel** $[(OH)_4| (BO_3)_3| Si_6O_{18}]$ + **viele Spurenelemente**

Rubellit-Kristall facettiert, Madagaskar

61

Turmalin –
bekannter Schmuckstein aus Brasilien

Die weltweit größten Vorkommen von Turmalin, auch mit den besten Steinqualitäten, liegen in Brasilien, Bundesland Minas Gerais. Hier wurde vor etwa 20 Jahren nahe dem Ort Paraiba eine seltene Farbe des Turmalins gefunden, die heute die wertvollste ist: ein intensiv türkisblau gefärbter Turmalin. Dieser wird nach dem Fundort auch Paraiba-Turmalin genannt und kann Preise bis zu mehreren 1.000,00 Euro pro Karat Gewicht erreichen.

Weitere Lagerstätten sind in Afghanistan, Australien, Birma, Indien und Madagaskar.

Selbst in Deutschland können Turmaline, wenn auch nicht in Edelstein-Qualität, gefunden werden. So finden sich Schörl-Kristalle zum Beispiel im Granit im Stadtgebiet von Heidelberg.

Hellblaue Turmaline auf Marmor, Brasilien

Stein gewordene Farbenpracht

Der Turmalin ist ohne Zweifel der farbenprächtigste aller durchsichtigen Edelsteine. Dies verdankt er seiner besonderen Eigenschaft, dass er innerhalb des Kristalls die Farbe mehrfach wechseln kann. Dies geschieht sowohl in Längsrichtung des Kristalls als auch von innen nach außen.

Möglich ist dies dadurch, dass er zusätzlich zu seiner chemischen Grundstruktur (siehe Tabelle) sehr viele verschiedene chemische Elemente einbauen kann, die dann jeweils unterschiedliche Farben im Stein erzeugen. Diese Elemente sind u. a. Natrium, Mangan, Aluminium und Eisen.

Nach der Farbe hat der Turmalin auch unterschiedliche Namen:

Rubellit = intensiv rot gefärbt, Dravit = gelb bis gelbbraun, Verdelith = grün, Indigolith = blau, Schörl = schwarz.

Ein Turmalin, der einen rosa Kern mit grüner Schale hat, heißt auch „Wassermelonen-Turmalin", da seine Farben an die der Wassermelone erinnern.

Die farbenprächtigsten Turmaline wurden bisher stets auf Madagaskar gefunden. Hier können die Turmaline bis zu 30 cm lang werden und ein fantastisches Farbspiel zeigen.

Turmalin-Kristalle mit Farbwechsel von blau zu rotviolett

Rubin –
Stein der Könige

Wer kennt nicht den wundervollen Schimmer eines schön geschliffenen Rubins? Mit tiefem Rot, wie ein wertvoller Burgunderwein, leuchtet er und zeigt sein Feuer. Erst um 1800 erkannten die damaligen Forscher, dass der Rubin mit dem Saphir verwandt ist.

Beide Steine gehören zu derselben Mineralart, nämlich dem Korund. Korund ist in seiner reinen chemischen Zusammensetzung farblos und wird erst durch die Beimengung von Chrom-Atomen rot.

Ein Fluss plätschert, Holzstangen stecken im Schlamm. Hier arbeiten Mineiros auf Sri Lanka, um im halb ausgetrockneten Flussbett den Schlamm aufzulockern und auszuwaschen. Nach einer Weile kommen die ersten Rubin-Rohkristalle zum Vorschein.

Einen solchen edelsteinhaltigen Schlamm nennen die Mineralogen „Edelsteinseife". Diese Seifen-Fundstellen auf Sri Lanka sind, nach Birma, die bekanntesten Rubinlagerstätten der Welt. Hier werden auch sehr hochwertige Rubine gefunden, die in Einzelfällen teurer und wertvoller sein können als ein Diamant in gleicher Größe.

Ein tiefes Rot mit leichtem violettem Farbstich ist die begehrteste Farbe. Solche Rubine werden in Birma gefunden und als „taubenblutrot" bezeichnet.

Rubin	von: „rubens" = „rote Farbe"
Farbe	rosa bis intensiv dunkelrot
Strichfarbe/Mohs-Härte	weiß / 9
Kristallsystem	trigonal
Spaltbarkeit	keine
Chem. Zusammensetzung	Al_2O_3

Facettierte Rubine auf Doppelspat

Saphir –
nicht nur das Blau des Himmels

Saphir gehört, wie der Rubin, zu den Korunden. So, wie der farblose Korund durch Chrom-Beimengung rot wird und dann Rubin heißt, entstehen durch Beimengung von Chrom und Eisen alle anderen Farben des Korunds, die dann Saphir heißen.

Die bekannteste Farbe des Saphirs ist ein tiefes Blau, nach der er seinen Namen hat. Jedoch gibt es Saphire auch in vielen anderen Farben wie Grün, Gelb, Pink und sogar in Orange. Erst um 1800 wurde erkannt, dass der Saphir mit dem Rubin verwandt ist und eine eigene Mineralart darstellt. Bis dahin wurde mit dem Wort Saphir oft der heutige Lapislazuli bezeichnet. Grüne Saphire galten irrtümlich als „orientalischer Peridot", gelbe Saphire als „orientalischer Topas".

Große Saphire sind sehr selten und tragen oft auch einen eigenen Namen, ähnlich wie berühmte Diamanten. So besitzt das American Museum of Natural History in New York den wohl größten geschliffenen Sternsaphir, den „Stern von Indien". Dieser hat ein Gewicht von 536 Karat.

In der Bibel (Prophet Hesekiel) wird der Himmel mit dem Blau des Saphirs verglichen: „Siehe, über der festen Platte, die sich zu Häupten der Cherubine befand und anzusehen war wie ein Saphir, war etwas wie ein Thron zu sehen."

Saphir	von: griech. „saphiros" = blau
Farbe	**alle Korundfarben außer rot**
Strichfarbe/Mohs-Härte	**weiß / 9**
Kristallsystem	**trigonal**
Spaltbarkeit	**keine**
Chem. Zusammensetzung	Al_2O_3

Saphir-Rohkristalle in verschiedenen Farben

Orange –
eine Farbe des indischen Saphirs

Padparadscha – dies ist der Name der orange-farbigen Saphire. Aus dem alten indischen Sprachgebrauch kommt dieser Name. Er bedeutet, dass der Stein orange ist wie die Farbe der aufgehenden Sonne. Und an dieses zarte, dennoch strahlende Licht erinnert der Padparadscha, wenn man ihn betrachtet.

Im indischen Kaschmir-Gebirge befinden sich historische Lagerstätten auf über 5 000 m Höhe, wo mit reiner Handarbeit, mit Schaufel und Hammer/Meißel die wertvollen Steine abgebaut wurden. Heute liegen die bekanntesten Fundstellen auf Sri Lanka, wo es mehr als 30 Minen zur Saphir-Gewinnung gibt.

Zwei berühmte Saphire befinden sich im englischen Kronschatz: der „St. Edwards" und der „Stuart-Saphir".

Padparadscha-Saphire

Diamant –
entstanden aus dem Feuer unter der Erdkruste

Vierzig Kilometer unter der Erdoberfläche: 3 000 °C heißes, rotglühendes Magma wälzt sich vom tiefen Erdinneren nach oben und stößt von unten an die festen Gesteine des afrikanischen Kontinents. Ungeheurer Druck von 20 000 bis 30 000 bar herrscht hier. Hitze und Druck pressen den Kohlenstoff im Magma zusammen, Diamant-Kristalle entstehen.

Viele Millionen Jahre später: Durch Gesteinsbewegungen entsteht ein tiefer Riss im afrikanischen Kontinent, der bis zum heißen Magma hinabreicht. Das Magma steigt bis zur Erdoberfläche auf und reißt die schon fertigen Diamanten mit hinauf. Dabei kühlt das Magma ab und wird zu festem Kimberlit-Gestein. Solche mit Kimberlit gefüllten diamanthaltigen Vulkanschlote findet man heute in Afrika (Zaire, Namibia, Botswana), aber auch in Australien (Argyle-Mine) sowie in Sibirien (Jakutien). Hier liegen die größten bekannten Diamantminen.

Der Diamant ist das härteste bekannte Mineral unserer Erde. Er kann nur mit anderen Diamanten bearbeitet werden. Sein Name ist daher vom griechischen „adamas" = der Unbezwingbare abgeleitet.

Diamant	von: griech. „adamas", der Unbezwingbare
Farbe	**farblos bis gelblich, selten in bunten Farben**
Strichfarbe/Mohs-Härte	**weiß / 10**
Kristallsystem	**kubisch**
Spaltbarkeit	**vollkommen**
Chem. Zusammensetzung	**C (Kohlenstoff)**

Diamant-Rohkristall

Diamant – der edelste unter den Schmucksteinen

1871 in Kimberley/Südafrika: Einer der ersten europäischen Reisenden in diesem – damals weit entfernten – Land geht durch die Steppe. Plötzlich funkelt ihn ein Stein am Boden an. Zuerst beachtet er den Stein gar nicht weiter, hebt ihn dann aber doch auf und hält den ersten Diamant-Rohstein in der Hand.

Von nun an erlebt die Region um Kimberley einen Diamantrausch, der bis 1908 anhält. Abenteurer aus aller Welt helfen mit, mit Schaufel und Hacke das größte von Menschenhand geschaffene Loch, die Kimberley-Diamanten-Mine, auszuheben und die enthaltenen Diamanten zu bergen. Am Ende ist das Big Hole (Großes Loch)

1 070 m tief und 460 m breit. Insgesamt wurden hier 4,5 Millionen Karat Diamanten gefunden.

Viele Diamanten erhalten den Brillantschliff, der 1456 von Louis van Berquen erfunden wurde. Erst mit diesem Schliff, der aus 57 Facetten besteht, darf ein echter Diamant „Brillant" genannt werden und entwickelt sein einzigartiges Feuer: jenes Funkeln, das schon seit alters her Könige und Herrscher in aller Welt begeistert.

In der Mystik des Mittelalters beschrieb man dieses Funkeln des Diamanten als „göttlichen Glanz auf Erden".

Diamanten mit jeweils 57 Facetten im Brillantschliff = Brillanten

Granate –
rot, gelb, grün, farblos

Als Karfunkelsteine bezeichnete man im Mittelalter bis zum Beginn des 20. Jahrhunderts alle roten Schmucksteine. Diese waren oft Granate, aber auch Rubine und Spinell-Kristalle.

Böhmen im 19. und 20. Jahrhundert: Viele Minen und Steinbrüche bauen die berühmten böhmischen Granate ab. In den Jahren 1900 bis 1920 sind diese Steine in aller Munde und zieren den typischen Granatschmuck mit unzähligen kleinen, einzeln von Hand facettierten Kriställchen.

Diese Steinchen stellen ein Mineral aus der Gruppe der Granate dar, die aus insgesamt sechs Mineralarten besteht. Alle diese Mineralarten haben dieselbe chemische Grundzusammensetzung und sind daher miteinander verwandt. Sie können zum Teil an der Farbe unterschieden werden:

Pyrop:	dunkelrote Kristalle (die böhmischen Granate)
Almandin:	rot mit Stich ins Violette (Brasilien, Indien, Madagaskar)
Spessartin:	leuchtend orange (Birma, Brasilien, China, Kenia)
Grossular:	farblos, gelb, grün, braun (Sri Lanka, Brasilien, Indien, Kanada)
Andradit:	schwarz, braun, gelbbraun (China, Korea, Russland, USA, Zaire)
Uwarowit:	dunkelgrün (Finnland, Indien, Kanada, Polen, Russland)

Almandin-Kristall, facettiert

Pyrop –
der böhmische Granat

Die Farbe des Pyrops ist kräftig reinrot, teilweise auch bräunlichrot. In den Glimmerschiefern des Ötztals und Zillertals kommen Pyrope in Kristallen bis zu 5 cm Größe vor und bilden hier ihre charakteristische Kristallform. Diese Kristallform hat meist 12 Flächen und sieht aus wie ein Würfel, der auf jeder Fläche eine Pyramide aufgesetzt hat. Aus dem Griechischen kommt die Bezeichnung für diese Kristallform: Rhombendodekaeder (do = 2, deka = 10, eder = Flächner).

In einer Krone des englischen Kronschatzes befindet sich ein über 150 Karat schwerer roter Stein, der bis vor ca. 100 Jahren oft als Granat angesehen wurde. Heute weiß man, dass dieser Stein ein Spinell ist, mit dem eine Verwechslungsmöglichkeit besteht.

Die Hauptfundstellen für Pyrop in Böhmen befinden sich bei Trebnitz (Tschechien) bis etwa 100 km nordwestlich von Prag.

Granat	von: lat. „granum" = Korn
Farbe	**rot, gelb, orange, grün, farblos**
Strichfarbe/Mohs-Härte	**weiß / 6–7**
Kristallsystem	**kubisch**
Spaltbarkeit	**undeutlich**
Chem. Zusammensetzung	**Grundformel $[SiO_4]_3$ + chem. Elemente Mg, Al, Fe, Mn in wechselnden Mengen**

Facettierte Pyrop-Kristalle auf Lavagestein

Granat auf Glimmerschiefer –
eine typische Mineralverwachsung in den Alpen

Magma drückt aus dem Erdinnern, der Berg hebt sich. Jahr für Jahr wandern die Gesteinsschichten um 1 cm dem Himmel entgegen. So geschieht es in den Alpen seit Millionen von Jahren.

In einer kleinen Spalte im Gestein sind kleine Granate durch die Gesteinshebung im Berg seit Jahrtausenden Hitze und Druck ausgesetzt. Einige hundert Grad Temperatur und einige hundert bar Druck müssen sie schon seit langer Zeit aushalten.

Aber: Gerade dies sind die Bedingungen, die Granate zum Wachstum benötigen. Nur bei Hitze und hohem Druck lagern sich die chemischen Elemente, die das Granat-Kristallgitter aufbauen, zum Kristall zusammen.

So entstehen entlang der Klüfte, die durch die Gebirgsbewegung immer weiter in die Länge gezogen werden, mehr und mehr Granate.

Diese Kristalle sind heute für den Mineralogen ein deutlich sichtbares Zeichen dafür, dass eben in einem Gestein über Jahrtausende Bewegung stattgefunden hat. So dienen Granatkristalle dem Forscher als geologisches Thermometer und Barometer und ermöglichen Aussagen über die Vorgänge im Erdinnern, die zur Bildung eines Gebirges wie den Alpen geführt haben.

Pyrop-Kristalle auf Glimmerschiefer, Österreich

71

Rhodolith –
leuchtend roter Granat

Der in Schmuck bekannte und weit verbreitete Pyrop ist dunkelrot. Leuchtender und heller in der Farbe ist seine Varietät Rhodolith. In diesem Granaten kann ein leichter Violett-Farbstich beobachtet werden, der besonders beim hellen Sonnenschein zur Geltung kommt.

Seit der Antike erzählt man sich Sagen, dass es heilige Granate gebe, die von innen heraus leuchten. Im Talmud steht geschrieben, dass Noahs Arche von einem einzigen Granaten erleuchtet gewesen sei.

Der bekannteste Granat des Mittelalters hieß „Der Weise". Er zierte die Krone des deutschen Kaisers Otto.

Rhodolith-Kristalle auf marokkanischer Gipsrose

Spessartin –
leuchtend oranger Granat, farbig wie die Sonne

Es geschah am Rauhenstein-Gipfel, nordöstlich von Aschaffenburg: Ein Wanderer entdeckte in den Felsen orangefarbene Steine, gerade als die Sonne auf die Felswand fiel.

Diese Steine waren in das Gestein fest eingewachsen und mussten erst mit Hammer und Meißel befreit werden. Als die Steine geborgen waren, konnte das Tageslicht die Steine durchstrahlen und brachte ein orangefarbenes Funkeln zum Vorschein.

Untersuchungen ergaben, dass es sich hier um einen orangefarbenen Granat handelte, der nach seinem Fundgebiet, dem Spessart, von nun an Spessartin genannt wurde.

Spessartin verdankt seine herrlich leuchtende Farbe geringen Gehalten von Mangan, die als chemisches Element im Kristall eingeschlossen sind. Er ist, in Edelsteinqualität, sehr selten und neben dem grünen Demantoid der wertvollste Granat. Er kann bis zu 2.000,00 Euro pro Karat Gewicht kosten.

Heute wird der Spessartin in Tansania/Umba-Mine, Sri Lanka, Madagaskar und Brasilien gefunden.

Spessartin-Granat aus Tansania/Umba-Tal

Ein grüner Granat?

Erst 1974 wurde eine neue, bis dahin unbekannte Granat-Varietät entdeckt. Diese hatte eine sehr ungewöhnliche Farbe, nämlich Grün.

Nördlich des Tsavo Nationalparks in Kenia, Afrika, war der Fundort, nach dem der Stein seinen Namen bekam. Heute wird der edle grüne Granat in Kenia und Tansania gefunden. Es handelt sich um eine Farbvariante des Grossulars, welcher eines der sechs Hauptmineralien der Granatgruppe ist.

Die Farbe des Tsavorits, der auch Tsavolith genannt wird, erinnert an saftiges grünes Gras. Er ist ein wichtiges Exportgut für Kenia und fand seit seinem Erstfund in vielen Schmuckstücken Verbreitung.

Tsavorit-Granat, facettiert

Spinell –
Stein der Könige

Spinell-Oktaeder auf Marmor

„Timur Ruby", „Black Prince´s Ruby": Diese berühmten roten Edelsteine, eingefasst in Schmuckstücke der englischen Krone, wurden über lange Zeit als Rubin angesehen. Heute weiß man, dass es sich bei diesen Steinen um Spinelle handelt. Im Britischen Museum in London befinden sich zwei Spinelle, die im ungeschliffenen Zustand jeweils 520 Karat wiegen und die begehrteste Farbe zeigen: ein leuchtendes Rot.

Durch verbesserte Untersuchungsgeräte konnte der Spinell erst vor 150 Jahren als selbstständiges Mineral erkannt werden. Er wurde stets mit dem Rubin verwechselt, weil er an denselben Fundstellen wie Rubin in Birma und Sri Lanka vorkommt.

Die typische Kristallform von Spinell ist der Oktaeder, was 8-Flächner bedeutet. Betrachtet man einen typischen Spinell-Rohkristall, so ist dieser aus zwei vierseitigen Pyramiden aufgebaut.

Spinell	von: lat. „spina" = Spitze
Farbe	rot, blau, grün, schwarz
Strichfarbe/Mohs-Härte	weiß / 8
Kristallsystem	kubisch
Spaltbarkeit	unvollkommen
Chem. Zusammensetzung	Grundformel
	MgO * Al$_2$O$_3$ +
	Spurenelemente

Spinell –
Imitation für Aquamarin

Ein Franzose, M. Verneuil, lebte im 19. Jahrhundert. Er erfand das erste technische Verfahren, mit dem in größeren Mengen Kristalle künstlich hergestellt werden können.

Bei diesem Verfahren rieseln durch einen Trichter Magnesium-Oxid-Pulver und Aluminiumoxid-Pulver nach unten, fallen durch eine Knallgasflamme und werden dabei geschmolzen. Die flüssigen Tropfen fallen auf einen kleinen Teller und bilden, Schicht für Schicht, neue synthetische Spinell-Kristalle.

In hellblauer Farbe eignen sich solche synthetischen Spinell-Kristalle als Imitation für Aquamarin und finden vielfältige Verwendung im Schmuck.

In roter Farbe imitieren solche Spinelle den wertvollen Rubin.

Facettierter Spinell auf Kalkstein

Fluorit? Flussspat? –
ein und derselbe Kristall

Glück-Auf". So grüßen sich die Bergleute, die zu einer neuen Schicht in das Fluorit-Bergwerk einfahren. Wieder werden sie einige Stunden damit verbringen, Fluorit aus den Stollenwänden herauszuarbeiten. Plötzlich freut sich ein Bergmann ganz besonders: Inmitten farbiger Fluorit-Bänder, die das Gestein nur als Farbband durchziehen, hat er einen Hohlraum gefunden, der über und über mit würfeligen Fluorit-Kristallen bewachsen ist.

Ein solches Wunder der Natur wird natürlich nicht gesprengt, sondern vorsichtig von Hand aus dem Berg gelöst. Wunderschöne Stufen aus vielen Fluorit-Würfeln können auch heute noch gefunden werden.

Das einzige noch aktive Bergwerk im Schwarzwald, die Grube Clara, wird gerade wegen der Fluorit-Vorkommen betrieben.

Fluorit hat seinen Namen vom lateinischen „fluere" = fließen. Einer seiner Hauptbestandteile, das Fluor, wird in der Chemie-Industrie in Flussmitteln verwendet. Daher der Name.

Fluorit	von: lat. „fluere" = fließen
auch Flussspat	
Farbe	**grün, gelb, violett, hellblau**
Strichfarbe/Mohs-Härte	**weiß / 4**
Kristallsystem	**kubisch**
Spaltbarkeit	**vollkommen**
Chem. Zusammensetzung	**CaF_2**

Durchscheinende Fluorit-Würfel, England

Pyramidenform und
die seltene Farbe Hellblau

Der Oktaeder besteht aus zwei vierseitigen Pyramiden, die zusammengewachsen sind. Dabei zeigt die Spitze der unteren Pyramide nach unten, die der oberen Pyramide nach oben. Der Oktaeder ist eine häufige Kristallform des Fluorits. Versucht man den Fluorit zu spalten, ergibt sich immer wieder diese Form, die dann auch an den kleineren Spaltkristallen zu sehen ist.

Heute findet man solche und ähnliche Formen des Fluorits in Ölsnitz/Vogtland, Amderma im Ural/Russland und, besonders reichhaltig, in China.

Hin und wieder ist der Fluorit auch mit Pyrit verwachsen, der dann eine sehr schöne goldglänzende Kruste auf dem Fluorit bildet. Solche Verwachsungen eignen sich hervorragend für kunsthandwerkliche Arbeiten.

Fluorit in hellblauer Farbe ist selten. Die Farbe wird durch eine radioaktive Strahlung in dem Gestein erzeugt, das den Fluorit bei seinem Wachstum umgibt. Der Fluorit selbst strahlt jedoch nicht und kann bedenkenlos in die Sammlervitrine gestellt werden.

Hellblauer Fluorit, Grube Clara, Schwarzwald

Farbwechsel und Bänderungen

Weardale in Durhamm Alston und Cleator Moor in Cumberland: In diesen englischen Bergwerken konnten jahrzehntelang sehr schöne Fluorite gefunden werden.

Die Bergleute, die diese Kristalle abbauten, arbeiteten mit Hammer und Meißel. So sahen sie täglich, wie Fluorite, auf die geschlagen wurde, nicht zufällig auseinander brachen, sondern sich stets mit spiegelnden, glatten Flächen teilten.

Dieses Verhalten von Kristallen nannten die Bergleute schon im Mittelalter „spätiges Verhalten", so dass daher der zweite Name des Fluorits stammt, nämlich „Flussspat".

Typisch für Fluorite ist auch ein Farbwechsel im Kristall, der zwischen lila, grün, farblos und gelblich schwanken kann.

So ergeben sich sehr schöne Bänderungen, die auch bei Verwendung des Fluorits als Schmuckstein vorteilhaft sind. Jedoch wird der Fluorit nur selten in Schmuck gefasst, da wegen seiner geringen Härte polierte Facetten sich recht schnell abnutzen.

Fluorite werden auch als Trommelsteine bearbeitet, um ihre Farbe und ihren Glanz besonders schön zu betonen. Trommelsteine sind Steine, die in einer Schleiftrommel bearbeitet und darin auch poliert wurden. Trommelsteine gibt es von allen Steinsorten.

Farbspiel in Fluorit-Trommelsteinen, wechselnd von lila zu grün und farblos, China

79

Chinesisches Farbspiel der Chemie

Wir sind auf dem Jangtsekiang, Chinas großem Fluss. Ein Motorschiff tuckert vor sich hin. Es sind noch hundert Kilometer bis Shanghai. An Bord wertvolle Fracht: Aus einem Bergwerk gewonnene Fluorite wurden vor Tagen auf das Schiff verladen und sollen nun zu Mineralienfreunden aus aller Welt gelangen.

Der Kapitän macht jeden Tag seinen Inspektionsrundgang auf dem Schiff, um sicherzustellen, dass die schönen grün und lila gefärbten Fluorite sicher am Ziel ankommen. Von Shang-hai werden die Kristalle dann mit dem Flugzeug weitertransportiert.

Die chinesischen Fluorite sind derzeit die schönsten Kristalle, die weltweit zu finden sind. Sie zeigen intensive grüne und lila Farben, oft mit zackigen Bändern in ihrem Inneren.

Die grüne Farbe kommt von den seltenen chemischen Elementen Ytterbium und Yttrium. Die violette Farbe stammt wohl von eingeschlossenen Eisen- und Mangan-Atomen und zusätzlicher Einwirkung radioaktiver Strahlung im Berg.

Farbspiel im Fluorit, China

Danburit –
weitgehend unbekanntes Mineral mit frischem Glanz

Danbury in Connecticut, USA: Hier wurde 1839 erstmals der Danburit gefunden und nach seinem Fundort benannt.

Fällt Licht auf den Kristall, funkeln seine hellen, wasserklaren Flächen stark. 1921 wurden die ersten facettierten Danburite als Schmucksteine verwendet. Es waren Steine von klar durchsichtiger und goldgelber Farbe, die aus Madagaskar stammten.

Oberbirma exportierte einen sehr großen Stein, der ein Gewicht von 138,61 Karat hatte. Rosafarbene Danburite kommen aus Mexiko. Heute können Danburite in Birma, Japan, Madagaskar, Mexiko, Russland und den USA gefunden werden.

Bei dieser Vielzahl der angegebenen Fundländer darf man aber nicht vergessen, dass es stets eine große Ausnahme ist, Danburite in größeren Kristallen oder in reiner Edelsteinqualität ohne Einschlüsse zu finden.

Danburit	
Farbe	**farblos, weingelb, braun, rosa**
Strichfarbe/Mohs-Härte	**Weiß / 7–7$^{1}/_{2}$**
Kristallsystem	**ortho-rhombisch**
Spaltbarkeit	**undeutlich**
Chem. Zusammensetzung	**Ca[B$_2$Si$_2$O$_8$]**

Danburit aus den USA, fotografiert auf einer Mikroskop-Aufnahme eines Gestein-Dünnschliffs

Steinsalz/Halit –
weißes Gold aus unserer Heimat

Der Kochtopf brodelt, die Familie kommt gleich zum Essen. Auf die Pommes frites wird Salz gestreut, die Suppe wird mit Salz gewürzt.

Steinsalz hat auch den Namen das weiße Gold. Im Mittelalter war es nämlich so wertvoll wie Gold und musste aus dem asiatischen Raum bis nach Deutschland transportiert werden. Seit etwa 150 Jahren wird das Salz auch bei uns abgebaut. Ob als Streusalz, als Grundstoff für Dünger oder als Küchengewürz: Halit findet heute in unserem Alltag vielfältige Verwendung.

Aber wo kommt Salz eigentlich her? Ein Bohrer hämmert, Radlader bringen das frisch gebrochene Salz im Bergwerksstollen zur nächsten Verladestation. Die Bergwerke mit den größten Stollendurchmessern sind heute die Salzbergwerke, von denen es in Deutschland nicht wenige gibt. Eines der wichtigsten ist das Heilbronner Steinsalz-Bergwerk. Hier werden große Bereiche Salzschichten gebrochen, hunderte Meter unter der Erdoberfläche. Manche Stollen haben sich so zu Hallen entwickelt, die bis zu 200 Meter lang und mehr als 10 m hoch sein können.

Bemerkenswert ist die schöne Würfelform, die sich stets ausbildet, wenn die Salzkristalle Zeit und Ruhe haben, in einer Höhlung im Berg langsam zu wachsen. Dann bilden sie ihre eigentliche Kristallgestalt aus, bei der die Flächen in einem exakten Winkel von 90° zueinander stehen.

Ein sehr großer Steinsalz-Würfel aus dem Heilbronner Salzbergwerk, Kantenlänge 25 cm

Steinsalz – weißes Gold in Blau

Steinsalz und Radioaktivität: Dies kann hin und wieder gemeinsam beobachtet werden.

In seltenen Fällen herrscht in dem Gestein, in dem das Steinsalz auskristallisiert, leichte Radioaktivität. Diese ist meist auf wenige Quadratdezimeter Gestein beschränkt, wenn dort radioaktiv strahlende Mineralkörnchen vorhanden sind. Diese natürliche Strahlung, die für uns Menschen ungefährlich ist, kann dann über Jahrtausende auf das entstehende Steinsalz einwirken.

Steinsalz besteht aus den Elementen Natrium und Chlor. In den seltenen Fällen, in denen ein Salzkristall der radioaktiven Strahlung ausgesetzt ist, verschieben sich im Kristall diese Elemente, die Kristallstruktur im Salz wird gestört.

Das bewirkt, dass alle Farben des weißen Lichts, das auf den Kristall fällt, verschluckt werden – außer dem blauen Anteil. So entsteht für unser Auge der Eindruck, dass der Salzkristall blau ist.

Solche blauen Salzkristalle sind seltene Sammlerstücke. Sie sind ungefährlich, da sie nicht selbst strahlen.

Steinsalz	auch: Halit
Farbe	**farblos**
Strichfarbe/Mohs-Härte	**weiß / 2**
Kristallsystem	**kubisch**
Spaltbarkeit	**vollkommen**
Chem. Zusammensetzung	**NaCl**

Ein blauer Steinsalz-Kristall aus dem K+S Salzbergwerk, Werra

Schwefel –
entstanden aus Dämpfen des Erdinneren

Wir stehen in einem Vulkankrater. Rundherum dampfen die Wände. Sie sondern gelben Qualm ab. Auf dem Boden bilden sich immer neue Rauchfahnen, andere vergehen. Die Szenerie wirkt gespenstisch, allerorten riecht es nach faulen Eiern.

So kann man auch heute noch die Entstehung von Schwefel erleben, z. B. im Vulkankrater Solfatara bei Neapel, Italien.

Schwefel bildet grellgelbe Kristalle, die sich im Schwefelrauch eines Vulkanschlots bilden. Gelangt der Rauch an die Erdoberfläche, verdunstet das Wasser. Der Schwefel bleibt auf dem Boden haften und bildet Kristalle und gelbe Schwefelkrusten.

Schwefel ist für unsere Kultur ein wichtiger Ausgangsstoff, z. B. für die Herstellung von Schwefelsäure, für Farbpigmente, für Medikamente und vieles mehr.

Schwefel	
Farbe	**gelb**
Strichfarbe/Mohs-Härte	**gelb / < 2**
Kristallsystem	**ortho-rhombisch**
Spaltbarkeit	**kaum vorhanden**
Chem. Zusammensetzung	**S**

Ein großer Schwefelkristall, Insel Elba/Italien

84

Sonnengelber Kristall mit Geschichte

Im Mittelalter galt Schwefel als Rauch der Hölle. Den Geruch dort stellte man sich als Schwefeldampf vor. Alchemisten, Hexen und Zauberer verwendeten den gelben Qualm für ihre Experimente.

Tatsächlich kommt Schwefel nicht direkt aus der Hölle, sondern entsteht auf unserer Erde in verschiedenen geologischen Umgebungen: So wächst er dort, wo Schwefeldampf aus Vulkankratern strömt, aber auch durch Reaktionen von schwefelhaltigen Mineralien mit Bakterien. Auf-

grund dieser Reaktion sind Braunkohle und auch Steinkohle schwefelhaltig. Kohlekraftwerke benötigen große Rauchgas-Entschwefelungsanlagen, in denen der aus der verbrannten Kohle frei werdende Schwefel aufgefangen wird. Der aufgefangene Schwefel wird heute in Medizin und Technik mannigfaltig verwendet.

Für den Mineraliensammler ist der Schwefel ein besonders schönes Schaustück für die Vitrine, da er mit seiner sonnengelben Farbe kräftig leuchtet. Nicht selten sind schöne Kristallstufen, die mehrere Dutzend Kristalle auf einem Gesteinsstück zeigen.

Hunderte von Schwefelkristallen auf einem Kalkstein, Insel Elba/Italien

Coelestin aus Madagaskar –
Kristalle, blau wie der Himmel

Schon die Römer kannten den Coelestin, wahrscheinlich von der Fundstelle in Agrigento auf Sizilien.

Sie nannten diesen Stein „Aqua Aura" wegen seiner wasserblauen Farbe. Die schönsten Stufen von Coelestin kommen heute aus Madagaskar, leider wegen politischer Unruhen aber nur sehr unregelmäßig. So kann es gut sein, dass ein Sammler mehrere Monate warten muss, bevor er einen Coelestin erwerben kann.

Coelestin bildet Stufen und Drusen mit Kristallen, die einige Zentimeter groß werden können. Typisch sind farblose oder wasserblaue Kristalle, deren Farbe erst im hellen Sonnenlicht richtig zur Geltung kommt.

Oft sind die Coelestin-Kristalle in dunkelgrauem Basaltgestein eingeschlossen. Das gilt besonders für die madagassischen Coelestine. Weitere Fundorte sind Lenggries/Bayern, Brandenburg, Kärnten/Österreich und Agrigento/Sizilien.

Coelestin	
Farbe	**hellblau**
Strichfarbe/Mohs-Härte	**weiß / 3–3½**
Kristallsystem	**ortho-rhombisch**
Spaltbarkeit	**vollkommen in einer Richtung**
Chem. Zusammensetzung	**SrSO$_4$**

Coelestin-Kristalle aus Madagaskar in der Mittagssonne

Alexandrit –
grüner oder roter Edelstein?

Die Menge ist zusammengekommen. Hoch über ihr auf dem Balkon stehen die wichtigsten Männer des russischen Zarenreichs und geben die Volljährigkeit des Zaren Alexander bekannt.

Diese Szene spielte sich im Jahre 1830 ab. In diesem Jahr wurde einer der seltensten Edelsteine zum ersten Mal gefunden und nach dem Zaren benannt: der Alexandrit. Dieser Stein ist auch heute noch einer der am wenigsten verbreiteten Edelsteine und in guter Qualität wertvoller als ein gleich großer Diamant.

Er hat eine besondere Eigenschaft, die fast kein anderer Edelstein zeigt: Der Alexandrit kann die Farbe von dunkelgrün nach rot wechseln, abhängig von der Lichtquelle. Unter Lampenlicht ist er rot, im Tageslicht dunkelgrün. Das kommt von seiner besonderen chemischen Zusammensetzung, die kleine Spuren von Chromoxid und Eisenoxid einschließt.

Der Alexandrit gehört zur Mineralgruppe der Chrysoberylle, die in ihren anderen Farbvarianten gelb oder milchweiß-gelblich sind.

Alexandrite, die durchscheinend sind und einen deutlichen Farbwechsel zeigen, sind schon groß, wenn die Kristalle ca. 1 cm messen.

Alexandrit	nach: Zar Alexander
Farbe	**dunkelgrün / rot**
Strichfarbe/Mohs-Härte	**weiß / 8**
Kristallsystem	**ortho-rhombisch**
Spaltbarkeit	**undeutlich**
Chem. Zusammensetzung	$BeO * Al_2O_3$

Alexandrit-Kristalle aus Rhodesien (Simbabwe)

Rauschgelb –
ein merkwürdiger Name für ein Mineral

Gemeint ist mit der Bezeichnung „Rausch-gelb" das Mineral Auripigment, das zur Hälfte aus Arsen besteht.

Vor einigen hundert Jahren mischten die größten Maler ihrer Zeit ihre Farben selbst an, um ein neues Kirchenfresko beginnen zu können. Zu dieser Zeit war kaum etwas im täglichen Leben so wertvoll wie Ölfarben. Keine Fabrik produzierte die Farben in größeren Mengen. So waren die Maler gezwungen, sich ihre Farben selbst herzustellen. Auripigment ist dabei die Grundlage für gelbe und orange Farben.

Auripigment	
Farbe	**gelborange**
Strichfarbe/Mohs-Härte	**hellgelb / 1–2**
Kristallsystem	**monoklin**
Spaltbarkeit	**vollkommen**
Chem. Zusammensetzung	As_2S_3

Auripigment auf Quarz, China

Realgar –
Kristallnadeln, die orangerot leuchten

Arsen – seit jeher bekannt als giftige Substanz. Dieses chemische Element ist Hauptbestandteil des Realgars. Dieser bildet leuchtende orangerote bis orangegelbe Nadeln, oft als Abscheidung aus heißen Quellen und vulkanischen Gasen. Seine enge Verwandtschaft mit dem Auripigment sieht man an den sehr ähnlichen chemischen Formeln und auch an der Farbe, die dem Auripigment sehr ähnelt. Diese Verwandtschaft kommt nicht von ungefähr: Verwitterungsvorgänge in der Natur bewirken, dass sich der Realgar zersetzt und seine Bestandteile (Arsen und Schwefel) einen neuen Kristall bauen: Auripigment entsteht.

Im Solfatara-Vulkankrater bei Neapel kommt Realgar zusammen mit Auripigment vor. Weitere Vorkommen sind Yellowstone Park, USA, Allchar in Mazedonien, Bosnien und Mexiko.

Realgar	
Farbe	orange bis orangegelb
Strichfarbe/Mohs-Härte	rotorange / 1
Kristallsystem	monoklin
Spaltbarkeit	undeutlich
Chem. Zusammensetzung	AsS

Realgar-Kristalle aus China

Natrolith –
weiße Nadeln mit fächerförmigem Wuchs

Es herrscht absolute Stille. Tief im Berg steht ein kleiner Natrolith-Kristall in einer Gesteinsöffnung. Wasser tropft langsam über Jahrhunderte auf diesen Kristall und bringt chemische Bestandteile mit, die der Natrolith zum Wachstum benötigt. Allmählich bilden sich mehr und mehr Nadeln, die von einem Punkt aus gleichzeitig in verschiedene Richtungen wachsen. Ein Fächer mit kugelförmigem Umriss entsteht, der nach Jahrhunderten viele Dutzend Kristalle trägt. So entstehen die typischen Kristallaggregate von Natrolith, die an verschiedenen Fundstellen der Welt vorkommen.

Auch in Deutschland sind derartige Kristalle zu finden, so zum Beispiel in Maroldsweisach und in Steinbrüchen des Vogelsbergs bei Frankfurt.

Als Grundlage für sein Wachstum benötigt der sehr zerbrechliche und empfindliche Natrolith stets kleine Hohlräume im Gestein, die sich oft in dunkelgrauen Basaltgesteinen anbieten.

Natrolith	
Farbe	**weiß**
Strichfarbe/Mohs-Härte	**weiß / 5–5$\frac{1}{2}$**
Kristallsystem	**ortho-rhombisch**
Spaltbarkeit	**vollkommen**
Chem. Zusammensetzung	**$Na_2[Al_2Si_3O_{10}]*2\ H_2O$**

Natrolith-Fächer auf Basalt

Zinnober –
wichtigstes Quecksilbererz

Irgendwo auf einem Goldschürferfeld in Kanada: Die Maschinen rattern, eine halbflüssige Mixtur aus Quecksilber und Pulver von goldhaltigem Gestein läuft langsam die Siebe hinab und wird erhitzt. Quecksilberdämpfe steigen in die Luft, Gesteinsbröckchen werden ausgesiebt, übrig bleibt im Tiegel reines Gold. Mit dieser Quecksilber-Amalgam-Methode wird Gold aus Gestein herausgelöst. Doch wo kommt das hierzu benötigte Quecksilber her?

Hier zeigt der Zinnober seine Bedeutung. Er ist der wichtigste Quecksilber-Lieferant unserer Erde. Beim ersten Betrachten würde man kaum vermuten, dass das intensiv rote Mineral mit dem metallisch glänzenden Quecksilber verwandt ist. Doch untersucht man die chemische Zusammensetzung der roten Kristalle, so stellt sich heraus, dass Zinnober zur Hälfte aus dem Element Quecksilber (Hg) besteht und somit dieses silbrige, bei 25 °C flüssige Metall nach Aufbereitung liefert.

Dort, wo absterbender Vulkanismus Dämpfe unter 80 °C Temperatur in die Luft entlässt, kann Zinnober entstehen. Dieser Vorgang kann auch heute noch beobachtet werden, so z. B. am Monte Amiata in der Toskana. Weitere Vorkommen sind Texas, Kalifornien, Mexiko und Peru.

Zinnober	auch: Cinnabarit
Farbe	**rot**
Strichfarbe/Mohs-Härte	**rot / 2–2$^1/_2$**
Kristallsystem	**trigonal**
Spaltbarkeit	**vollkommen**
Chem. Zusammensetzung	**HgS**

Zinnober-Kristalle auf Calcit

91

Apophyllit –
der Kristall mit innerem Glanz

Perlmuttglanz im Kristall – eine Seltenheit unter den Mineralien.

Der Apophyllit zeigt diesen Effekt besonders in den Spitzen der Kristalle. Im Inneren der Kristalle ergeben sich Spiegelungen des Lichts, die an das Glänzen im Fischauge erinnern. Daher bekam der Apophyllit auch den Beinamen „Ichthyophthalm" = Fischaugenstein.

Der Apophyllit zeigt vollkommene Spaltbarkeit. Das bedeutet, dass sich der Kristall nach einem Schlag mit einer scharfen Hammerkante in glatte Flächen spaltet, die glänzen, ohne poliert werden zu müssen.

Diese Eigenschaft kommt bei einigen Mineralien vor, dann spricht man stets von einer vollkommenen Spaltbarkeit.

Vielfältige Vorkommen in Brasilien, Indien, Mexiko, der Schweiz und den USA ermöglichen immer wieder schöne Funde von einzelnen Kristallen.

Apophyllit	auch: Fischaugenstein
Farbe	**weiß, farblos**
Strichfarbe/Mohs-Härte	**weiß / 4–5**
Kristallsystem	**tetragonal**
Spaltbarkeit	**vollkommen**
Chem. Zusammensetzung	$\mathbf{KCa_4[F|(Si_4O_{10})_2]}$

Apophyllit-Kristalle aus Indien, fotografiert auf deutscher Steinkohle

Vanadinit –
orangerotes Mineral aus dem Hochland Marokkos

Eine rote Ader in der Wand eines Steinbruchs: Vanadinite, 3 000 m über Meereshöhe an einer abgelegenen Stelle des marokkanischen Gebirges.

Hier werden die intensiv gefärbten Kristalle von Hand abgebaut, Hammer und Meißel sind die wichtigsten Werkzeuge.

Vanadinit hat seinen Namen vom Gehalt des chemischen Elements Vanadium (V), das im Mineral enthalten ist. Dieses Mineral bildet prächtige Stufen, teilweise mit Hunderten von Kristallen auf einem Stein. Es ist leicht durchscheinend. Bei starkem Sonnenlicht entwickeln die Kristalle einen starken Glasglanz, der deutlich die Kristallform sichtbar werden lässt: sechseckige Plättchen, die kreuz und quer ineinander gewachsen sind. Die größten Kristallstufen kommen aus der Umgebung von Mibladen/Marokko. Weiter können Vanadinite in der Apache Mine/Arizona und in Hochobir/Kärnten gefunden werden.

Vanadinit	
Farbe	**orange, rot**
Strichfarbe/Mohs-Härte	**weiß-gelblich / 3**
Kristallsystem	**hexagonal**
Spaltbarkeit	**keine**
Chem. Zusammensetzung	$Pb_5[Cl/(VO_4)_3]$

Vanadinit strahlt in der Morgensonne

Olivin –
Zeuge gigantischer Vulkanausbrüche

Eine schwarze Insel im Mittelmeer. Ehemalige Vulkankrater sind deutlich zu sehen. Hell strahlend heben sich weiß gekalkte Häuser von den schwarzen Berghängen ab. Wir sind auf Lanzarote.

Geht man hier am Strand spazieren, ist es nicht selten, dass plötzlich grüne Farbflecken im schwarzen Lavagestein leuchten: Die Olivin-Knollen zeigen sich im Brandungsbereich.

Was ist Olivin? Es ist ein grünes, durchscheinendes Mineral, das gerade dort vorkommt, wo Vulkanismus die chemischen Baustoffe tief aus dem Erdinneren mitgebracht hat, die die Olivin-

Kristalle zum Wachstum benötigen: Eisen, Magnesium und Kieselsäure.

1790 wurde von dem Mineralogen Werner die Bezeichnung Olivin für diesen Kristall eingeführt wegen seiner olivgrünen Farbe. Und in der Tat ist dieses Grün absolut typisch für diesen Stein. Auch wenn man in vielen Fällen anhand der Farbe ein Mineral nicht bestimmen kann (weil es viele ähnliche Farben anderer Mineralien gibt), ist gerade der Olivin in seiner Farbe einzigartig.

Besonders gute Qualitäten mit wenig Einschlüssen und intensiver Farbe heißen Peridot.

Olivin-Körnchen in Lava-Knolle, Lanzarote

Grüner Sandstrand

Wir sind auf Hawaii: Hohe Wellen schlagen an den Strand, Surfer landen an und paddeln wieder aufs Meer hinaus. Wer gerade nicht im Wasser ist, liegt auf grünem Sand und sonnt sich.

Das Sonnen auf grünem Sand ist auf unserer Erde nur an ganz wenigen Stellen möglich. Der berühmteste dieser Strände ist der Green Beach (Grüner Strand) auf Hawaii. Die Sandkörnchen hier bestehen ausschließlich aus dem Mineral Olivin.

Seit Jahrtausenden unterlag das schwarze Lavagestein Hawaiis der Verwitterung. Die leichteren schwarzen Gesteinsbestandteile wurden fortgeschwemmt, während sich die schweren grünen Olivinkörner an der Green Beach sammelten. Sie sind 8,2-mal schwerer als Wasser.

Ein 1-Liter-Messbecher, der mit diesen Körnern gefüllt ist, wiegt also 8,2 kg. Gefüllt mit einem Liter Wasser wiegt derselbe Messbecher nur 1 kg.

Olivin	auch: Peridot
Farbe	**olivgrün**
Strichfarbe/Mohs-Härte	**weiß / 6–7**
Kristallsystem	**ortho-rhombisch**
Spaltbarkeit	**kaum vorhanden**
Chem. Zusammensetzung	**$(Mg,Fe)_2[SiO_4]$**

Olivinsand vom Green Beach (Grüner Strand) auf Hawaii

Peridot – zweiter Name des Olivins

Intensives Grün schimmert dem Betrachter entgegen: Ein Peridot entfaltet seine ganze Farbenpracht.

Peridot ist die Bezeichnung für Olivin-Kristalle in Edelsteinqualität. Solche Steine zeichnen sich durch ein ganz charakteristisches Grün aus, das von keinem anderen Mineral gezeigt wird. Einschlussfreie und farbintensive Peridote können bis zu 50 Karat wiegen und sind dann herrliche Schmucksteine.

Die schönsten solcher Peridote hat man 70 km östlich der ägyptischen Küste auf der Insel Zebirget im Roten Meer gefunden. Weitere herrliche Peridote kommen aus Mogok, Birma und aus Pakistan. Hier ist der Abbau mit Geräten nicht sehr kompliziert, da die Steine mit Hacke sowie Hammer und Meißel aus den Felswänden gewonnen werden können. Dennoch machen diese Arbeit nur Einheimische, die an die großen Höhen, mehr als 3 000 m über dem Meeresspiegel, gewöhnt sind.

Mit wochenlangen Fußmärschen werden die Steine nach dem Abbau zur nächsten größeren Stadt transportiert und erreichen mit einem Umweg über Indien, wo sie zu Edelsteinen geschliffen werden, dann Europa. In Gelbgold gefasst sind die Peridote sehr beliebt.

Peridot-Kristall auf Lavagestein, Fundort Insel Zebirget, Ägypten

Imperial-Topas –
ein königlicher Kristall

Der Name des Minerals Topas, das in verschiedensten Farben vorkommen kann, stammt vom Sanskrit-Wort „tapas" = Feuer oder vom griechischen „topazion" ab, womit ein hellgrüner, durchsichtiger Edelstein bezeichnet wurde. Das griechische „topazos" soll auf eine sagenhafte Insel im Roten Meer hindeuten.

Topas wurde früher sogar in Deutschland gefunden. Die bekannteste Fundstelle ist der Schneckenstein im Vogtland/Sachsen. Die Hochzeit dieser Funde war um 1780. Heute kommen die Topase aller Farben fast ausschließlich aus dem brasilianischen Bundesland Minas Gerais. Hier sind die Topase in verwittertem Gestein zu finden, das während der Regenzeit in Täler und Schluchten gespült wird. Ein solches Vorkommen mit losem Gesteinsmehl, das edelsteinhaltig ist, heißt Edelstein-Seife.

Farblose Topase färben sich durch radioaktive Bestrahlung hellblau und sind dann die häufigste Imitation für Aquamarin und geeignet für Modeschmuck. Sehr selten gibt es auch naturblaue Topase, die dann entsprechend wertvoll sind.

Die berühmteste Farbe des Topas ist ein kräftiges Braunorange. Da diese Farbe vor vielen hundert Jahren nur von Herrschern getragen werden durfte, heißt sie „Imperial-Topas".

Topas	
Farbe	**farblos, blau, grünlich, braun, orangebraun**
Strichfarbe/Mohs-Härte	**weiß / 8**
Kristallsystem	**ortho-rhombisch**
Spaltbarkeit	**vollkommen**
Chem. Zusammensetzung	$Al_2[(F,OH)_2SiO_4$

Imperial-Topas auf Calcit, Brasilien/Minas Gerais

Hauyn –
der seltenste Edelstein, kaum bekannt

60 000 Jahre vor unserer Zeit: Die Erde bebt, die Tiere flüchten und suchen sichere Unterstellmöglichkeiten. Nach Tagen der Erdbeben beginnt die Katastrophe. Vulkanasche steigt in den Himmel, die Sonne wird verdunkelt. Tagelang speit der Vulkan unvorstellbare Massen an Asche und kleinsten Lavakörnchen in den Himmel. Die ganze Landschaft wird meterhoch mit Bims bedeckt.

So geschehen in der Vulkaneifel bei Mendig. Und schon kurz nach dem Abkühlen der Lava zeigen sich viele blaue Kriställchen, die aus dem geschmolzenen Gestein entstanden sind.

Diese Hauyne, wie sie im Jahre 1807 nach dem französischen Mineralogen R. J. Hauy

benannt wurden, sind sehr selten und kommen nur in einem einzigen Steinbruch in der Vulkaneifel vor.

Die Kristalle, die es lohnen, zu Edelsteinen geschliffen zu werden, messen maximal 5 mm. Andere Fundorte von diesem herrlich blauen Mineral sind bisher kaum bekannt.

Hauyn	
Farbe	**hellblau bis dunkelblau**
Strichfarbe/Mohs-Härte	**weiß / 5–6**
Kristallsystem	**ortho-rhombisch**
Spaltbarkeit	**kaum sichtbar**
Chem. Zusammensetzung	$\mathbf{(Na,Ca)_{8-4}}$
	$\mathbf{[(SO_4)_{2-1} /(AlSiO_4)_6]}$

Hauyn-Kristalle auf Bims, Vulkaneifel

Ulexit –
ein Stein, mit dem man „fernsehen" kann

Ulexit ist ein weißes Mineral, das aus sehr feinen, parallel angeordneten Mineralfasern besteht. Die einzelnen Fasern sind nur unter dem Mikroskop zu sehen. Er wird schon seit seiner Entdeckung in der Mitte des 19. Jahrhunderts als Fernsehstein bzw. „television stone" bezeichnet aufgrund seiner besonderen Eigenschaft: Ein Bild, das unter dem Ulexit liegt, erscheint so, als ob es auf der Steinoberfläche zu sehen wäre. Der Stein „hebt" das unter ihm liegende Bild durch einen Lichtleitereffekt seiner Mineralfasern auf die obere, polierte Fläche. So erscheint das Bild dem Betrachter näher, als es tatsächlich ist.

Der Ulexit wurde 1849 nach dem Chemiker Ulex benannt. Es ist ein Mineral, das hauptsächlich in Borax-Seen und Sümpfen im nord- und südamerikanischen Wüstengebiet vorkommt, so z. B. in Columbus Marsh/Nevada, Oregon und weiter in Peru und Argentinien.

Der Ulexit ist ein wichtiger Lieferant des chemischen Elements Bor, das in der Chemieindustrie weite Verwendung findet.

Ulexit	
Farbe	**weiß**
Strichfarbe/Mohs-Härte	**weiß / 1**
Kristallsystem	**triklin**
Spaltbarkeit	**kaum sichtbar**
Chem. Zusammensetzung	$NaCa[B_5O_6(OH)_6]*5H_2O$

Ulexit als Fernsehstein auf einer Ähre

Glimmer –
eine bekannte Mineralfamilie

Glimmer kennt vermutlich jeder. Ein Granit-stück näher betrachtet, zeigt silberne oder schwarz glitzernde Glimmerflächen im Gestein.

Bei Glimmer handelt es sich um eine ganze Familie von Mineralien, die alle dieselbe Grundzusammensetzung und Kristallform haben. Bei größeren Kristallen ist stets eine sechseckige Form zu sehen, die sich aus sehr vielen, extrem dünnen Blättchen zusammensetzt.

Es gibt verschiedene Namen und Farben:
hell silbrig glänzend: Muskovit
schwarz glänzend: Biotit
violett glänzend: Lepidolith
grünlich glänzend: Phlogopit

In unserem Alltag finden wir Glimmer als Hitze-Isolierschicht in Industrieöfen, früher auch in Bügeleisen.

Sehr schöne Kristalle finden sich in Tansania (Uluguru) und Simbabwe (Miami Mica Field).

Glimmer	
Farbe	hell, schwarz, grünlich, violett, gelblich
Strichfarbe/Mohs-Härte	nicht feststellbar, da Kristall zu weich / 2–4
Kristallsystem	hexagonal
Spaltbarkeit	perfekt
Chem. Zusammensetzung	$[(OH)_2|\ AlSi_3O_{10}] + K, Al,$ Na in versch. Menge

Biotit-Kristalle im Durchlicht

Muskovit –
der hellste Kristall der Glimmergruppe

Ural, Russland: Im tiefen russischen Winter kommen die Lastwagen aufgrund der Kälte nur noch langsam voran. Die Menge an Muskovit, die täglich aus dem Steinbruch gewonnen wird, ist deutlich geringer als im Sommer.

Doch hier im Ural werden die silbrig glänzenden Kristalle in einer Menge gefunden, die auf der Welt Vergleichbares sucht.

Obwohl Muskovit eigentlich ein weit verbreitetes Mineral ist, das in sehr vielen Gesteinen vorkommt, wird es jedoch selten in größeren

Tafeln über 15 cm gefunden. In dieser Form wird der Muskovit benötigt, um später als Hitzeisolierschicht Verwendung zu finden.

Für den Sammler ist der Muskovit ein reizvolles Mineral. Es bilden sich in der Regel sechseckige Plättchen oder Platten, die aus vielen sehr dünnen Lagen aufgebaut sind. Werden die Kristalle feucht, können sie etwas Wasser zwischen den Kristalllagen aufnehmen und aufquellen.

Beim anschließenden Trocknen verschwindet die Aufblätterung der Lagen wieder.

Muskovit-Kristallstufe, Russland

Brasilianit –
ein apfelgrüner Kristall aus Brasilien

Ein Kilometer unter der Erdoberfläche: Nach dem letzten Aufstieg von Magma tief aus dem Erdinneren sind einige tausend Jahre vergangen. Nur noch die letzten Reste bewegen sich durch das Gestein und füllen die Risse nach und nach aus. Bevor die letzten Hohlräume verschwinden, bilden sich dort Kristalle. Aus dem Restmagma sondern sich Natrium (Na), Aluminium (Al) und Phosphor (P) ab. Ein Brasilianit-Kristall entsteht bei einer Temperatur von einigen hundert Grad Celsius.

In derselben Gegend, Millionen Jahre später: Bergleute arbeiten sich durch das Gestein und bergen aus diesen spät gefüllten ehemaligen Gesteinsrissen die schönsten Edelsteine. Einer der selteneren ist der Brasilianit. Er kommt nur in wenigen Einzelfällen in solcher Reinheit und Farbe vor, dass es sich lohnt, daraus Edelsteine zu facettieren.

Hauptfundorte sind Cons. Pena/ Minas Gerais und Pietras Lavradas/ Paraiba, Brasilien.

Brasilianit	
Farbe	hellgrün, gelblich
Strichfarbe/Mohs-Härte	weiß / 5
Kristallsystem	monoklin
Spaltbarkeit	vollkommen
Chem. Zusammensetzung	$NaAl_3[(OH)_2|PO_4]_3$

Brasilianit-Kristall, Paraiba, Minas Gerais

Epidot –
weitgehend unbekannter, intensiv grüner Stein

Epidot ist eigentlich ein weit verbreitetes Mineral, das jedoch nicht immer in schön ausgebildeten Kristallen vorkommt.

Seinen Namen hat der Stein vom griechischen Begriff „epidosis" = Zugabe, da er oft sehr viele Kristallflächen an seiner Spitze trägt. Sein zweiter Name „Pistazit" verweist auf die pistaziengrüne Farbe.

Ein klassisches Vorkommen von Epidot ist die Knappenwand im Untersulzbachtal, Pinzgau, Oberösterreich, wo er aus schmalen Gesteinsspalten in Handarbeit mit Hammer und Meißel vorsichtig geborgen werden muss.

Auch in Finnland, in der Nähe der großen Eisenlagerstätten bei Outokumpu, sind Epidote zu finden.

Fundorte sind: Brasilien, Kenia, Alaska, Mexiko, Mozambique, Norwegen, Österreich.

Epidot	auch: Pistazit
Farbe	**grün, schwarz-braun**
Strichfarbe/Mohs-Härte	**grau / 6–7**
Kristallsystem	**monoklin**
Spaltbarkeit	**vollkommen**
Chem. Zusammensetzung	**$Ca_2(Fe,Al)Al_2[O|OH|SiO_4|Si_2O_7]$**

Epidot von Prince of Wales Island, Alaska, fotografiert auf Lava

Calcit –
weit verbreitetes und doch schwer zu erkennendes Mineral

Der Calcit ist das formenreichste Mineral, das es gibt. Über 2 000 Kombinationen der Flächen an der Kristallspitze sind bisher beobachtet worden. Das macht das Erkennen des Calcits und seine Unterscheidung von anderen Mineralien oft schwierig.

Hinzu kommt, dass der Calcit auch sehr viele verschiedene Farben zeigen kann. In reiner Form als Kalzium-Karbonat ist er weiß und durchscheinend bis undurchsichtig.

Durch verschiedenste Beimengungen von Eisen, Mangan und anderen Stoffen ändert sich seine Farbe von Fundort zu Fundort. So können orange, gelbe, braune, schwarze und rötliche Calcite gefunden werden.

Der Sammler, der im Gelände vor einem Calcit steht und sich nicht sicher ist, kann mit einer einfachen Methode den Stein bestimmen: Ein Tropfen verdünnte Salzsäure auf dem Kristall lässt Luftbläschen entstehen oder die Oberfläche schäumen, sobald es sich um einen Calcit handelt. Damit ist eine Verwechslung mit dem oft sehr ähnlich aussehenden Bergkristall ausgeschlossen.

Calcit	auch: Kalkspat
Farbe	**weiß, gelblich, braun**
Strichfarbe/Mohs-Härte	**weiß / 3**
Kristallsystem	**trigonal**
Spaltbarkeit	**vollkommen**
Chem. Zusammensetzung	**$CaCO_3$**

Calcit-Kristalle auf Kalkstein, Spessart bei Aschaffenburg

Calcit, Kalkspat oder Kalkstein

Kalkstein – dieser Gesteinsname hört sich ganz ähnlich an wie der zweite Mineralname des Calcits, der Kalkspat. Dies hat seinen Grund: Kalkstein ist in seiner chemischen Zusammensetzung weitgehend identisch mit dem Calcit und besteht zu mehr als 90 % aus diesem Mineral.

So haben sich in unendlich langer Zeit, vor Millionen von Jahren, auch im heutigen Altmühltal (Bayern) unter Wasser Kalkschlämme abgelagert. Millimeter für Millimeter wuchsen die Schichten am Meeresgrund an, bis sie eine Mächtigkeit von einigen Dutzend Metern erreicht hatten. Der Kalk, aus dem diese Gesteinsschichten aufgebaut sind, stammte von Muschelschalen und Fischskeletten, die zum größten Teil ebenfalls aus Kalk aufgebaut sind.

Nach dem Rückzug des Meeres vor ca. 60 Millionen Jahren entstand trockene Landschaft, Berge und Täler aus Kalkstein. Nun konnte das Regenwasser durch die Gesteinsschichten zirkulieren. An einer Stelle löste es etwas Kalk auf, um es an anderer Stelle wieder abzulagern. Dort, an den Ablagerungsstellen, war nun genügend konzentrierter Kalk vorhanden, um Kristalle wachsen zu lassen. Die wunderschön ausgebildeten Calcit-Kristalle mit dreieckiger Spitze entstanden. Eine dünne Eisenhaut auf den Kristallen verstärkt die gelborange Farbe.

Calcit-Kristalle auf Solnhofener Plattenkalk, Bayern

105

Doppelspat –
Kristalle mit Verdoppelungseffekt

Der Name „Doppelspat" birgt zwei Geheimnisse in sich: Das erste Geheimnis, nämlich die Wortsilbe „spat", ist gelüftet, wenn wir in das Mittelalter zurückschauen: Die Bergleute, die im tiefen Stollen arbeiteten, stellten immer wieder fest, dass manche Kristalle beim Aufschlag des Hammers mit glatten, spiegelnden Flächen auseinander brachen. Dabei blieb die Kristallform stets erhalten, ganz gleich, wie groß der Kristall nach dem Hammerschlag noch war.

Dieses Verhalten eines Kristalls beim Auseinanderbrechen nannten sie mit einem altdeutschen Wort „spätig". So kam der Calcit bzw. Kalkspat zu seinem Namen.

Der heutige Mineraliensammler kann diesen Effekt leicht sehen, wenn er im Steinbruch einmal einen Calcit-Kristall entzweischlägt und danach die Bruchflächen mit einer Lupe betrachtet. Er wird stets eine spiegelnde glatte Kristallfläche vor sich sehen.

Das zweite Geheimnis ist die Wortsilbe „Doppel". Doch was ist an einem Calcitkristall doppelt? Legt man einen Calcit einmal auf ein beschriftetes Blatt Papier, so ergibt sich ein erstaunlicher Effekt: Jeder Buchstabe erscheint doppelt. Dabei sind die beiden Bilder des Buchstabens leicht gegeneinander verschoben. Die Bilder drehen sich sogar umeinander, wenn der Calcit auf dem Buchstaben gedreht wird. Dieser Verdoppelungseffekt gab den klaren, isländischen Calciten den Namen „Doppelspat". Er entsteht dadurch, dass ein Lichtstrahl, der in den Calcit eindringt, stets in zwei Lichtstrahlen zerlegt wird, die parallel durch den Kristall hindurchlaufen und als zwei Strahlen zurück zum Auge des Betrachters laufen. Dieser Effekt heißt Doppelbrechung.

Doppelspat aus Island

Kristalle füllen Hohlräume

Calcit ist ein Durchläufer-Mineral. So nennt man Mineralien, die unter fast allen geologischen Bedingungen in der Natur wachsen können. Calcit wächst, ganz gleich, ob um die entstehenden Kristalle herum niedrige Temperatur und 1 bar Luftdruck herrschen oder Temperaturen von 100° C und einige hundert bar Druck tief unten im Gestein eines Berges.

Entsprechend der Temperatur- und Druckbedingungen ändern sich jedoch die Flächen, die am Kristall ausgebildet werden. So ergeben sich prismatische, nadelige, linsenförmige, dicktafelige, nierige oder derbe Calcite.

In der Abbildung sind die Kammern im Inneren eines versteinerten Ammoniten zu sehen. In diese Kammern sind, lange nach der eigentlichen Versteinerung des Tieres, kleine Calcit-Nadeln hineingewachsen, die das Gehäuse nun fast vollständig ausfüllen.

Ammonit mit Calcit-Füllung aus Marokko

Aragonit –
strahlenförmiger Verwandter des Calcits

Der Aragonit setzt sich chemisch genauso zusammen wie der Calcit. Durch andere Druck- und Temperaturverhältnisse während des Kristallwachstums bildet der Aragonit aber Kristalle mit anderer Form aus: strahlenförmige Büschel von nadeligen Kristallen.

Besonders in der Nähe von heißen Quellen kann der Aragonit entstehen, wo er rund um Austrittsstellen von heißem, kalkhaltigem Wasser weiße Krusten und Schichten entstehen lässt. Sehr schöne nadelige Kristalle können bei Maria Alm in Österreich gefunden werden, ebenso in Hüttenberg/Kärnten und am steirischen Erzberg. Auch in Deutschland gibt es mit

Sasbach am Kaiserstuhl eine bekannte Fundstelle. Der Name Aragonit kommt vom Landkreis „Aragon" in Spanien, wo viele dieser Kristalle auch heute noch gefunden werden.

Aragonit	
Farbe	**weiß, gelblich, braun**
Strichfarbe/Mohs-Härte	**weiß / 3–4**
Kristallsystem	**ortho-rhombisch**
Spaltbarkeit	**nur undeutlich**
Chem. Zusammensetzung	**CaCO$_3$**

Aragonit aus Maria Alm, Österreich

Drillinge und mehr

In der Natur kommt es öfter vor, dass von einem Punkt aus nicht nur ein Kristall wächst, sondern zwei oder mehr Kristalle sich gegenseitig durchdringen und dann einen Kristallkörper bilden.

Ohne genauere Kenntnis der typischen Mineralform hat der Betrachter den Eindruck, nur einen Kristall vor sich zu haben. Die Flächen an einem solchen Mehrlingskristall sind jedoch ganz anders verteilt als an einem Einzelkristall. So ergeben sich bei Aragonit-Drillingen, die hauptsächlich in Südspanien vorkommen, insgesamt sechs Außenflächen mit einer flachen Endfläche.

Eine solche Kristallform kommt bei einem einzeln gewachsenen Aragonit nie vor. Daher lässt die abgebildete Kristallform sofort darauf schließen, dass es sich hier um drei Aragonit-Kristalle handelt, die sich beim Wachstum durchdrungen haben.

In reiner Form sind solche Aragonit-Drillinge farblos. Die braune Farbe entsteht durch die dünne Eisenhaut, die sich auf den Kristall legte.

Aragonit-Drilling aus Südspanien

Dolomit –
Namensgeber eines Gebirges

Der Franzose de Dolomieu wanderte Mitte des 19. Jahrhunderts durch die Alpen. Er entdeckte bei näherem Betrachten der Gesteine weiße Kristalle, die etwas speckig glänzten. Manche dieser Kristalle waren leicht durchgebogen, oft kamen in schmalen Gesteinsspalten hunderte dieser Kristalle auf einem Fleck vor.

Einige dieser Mineralien nahm er mit und untersuchte sie später. Er hatte ein neues Mineral entdeckt, das nach ihm benannt wurde: den Dolomit.

Der Dolomit ist chemisch ganz ähnlich zusammengesetzt wie der Calcit, besitzt jedoch zusätzlich zu Calcium (Ca) und Carbonat (CO_3) auch Magnesium.

Weitere Untersuchungen ergaben, dass die Berge, in denen er die Dolomit-Kristalle gefunden hatte, zum größten Teil aus diesem Mineral bestehen, wenn auch nicht immer mit schönen Kristallspitzen. So wurden die heutigen Dolomiten nach ihrem Hauptbestandteil, dem Dolomit-Mineral, benannt.

Dolomit	nach: de Dolomieu
Farbe	**weiß, gelblich, braun**
Strichfarbe/Mohs-Härte	**weiß / 3–4**
Kristallsystem	**trigonal**
Spaltbarkeit	**vollkommen**
Chem. Zusammensetzung	**$(CaMg)(CO_3)_2$**

Dolomit-Kristalle auf grünem Fluorit, England

Braune Kristalle

Dolomit auf Kalkstein: Diese Verwachsung ist gerade in Gebieten mit dunkelgrauem Kalkstein öfter anzutreffen.

So finden sich im Kraichgau bei Heidelberg immer wieder kleine Steinbrüche, in denen auf dem anstehenden Kalkstein braune Dolomit-Kristalle zu finden sind. In Steinbrüchen wird der Kalkstein als Ausgangsstoff zur Zement-herstellung abgebaut.

Durch das Brennen von Kalkstein entsteht gebrannter Kalk, der durch verschiedene Arbeitsgänge und Mischung mit weiteren Gesteinsbestandteilen wie Gips zu Zement wird.

Hierbei spielt der Gehalt an Dolomit im Kalkstein eine sehr wichtige Rolle: Dolomit bestimmt mit seinem Magnesiumgehalt die späteren Eigenschaften des Zements wie Festigkeit und Abbindeverhalten mit.

Braune Dolomit-Kristalle auf Kalkstein, Kraichgau bei Heidelberg

Dolomit

Dolomit und Calcit sind einander chemisch sehr ähnlich. Das erklärt auch, dass oft beide Mineralarten miteinander verwachsen sind.

Den Dolomit kann man vom Calcit durch den unterschiedlichen Glanz der Kristallflächen unterscheiden. Dolomit glänzt stets etwas fettig, während der Calcit spiegelnde Flächen aufweist.

Besonders schöne Dolomite wurden im Binntal/Schweiz, bei Leogang in Salzburg sowie bei Djelfa/Algier gefunden.

Gesteinsbildend ist der Dolomit sehr verbreitet, selten jedoch mit gut ausgebildeten Kristallen. In der Regel tritt Dolomit als weißliches Band im Gestein ohne Kristallflächen auf.

Würfelige Dolomit-Kristalle auf Calcit, Süddeutschland

Gips –
nicht nur als Baustoff geeignet

Gips ist den meisten nur als weißes Pulver zum Hausbau bekannt. Dennoch kommt der Gips auch in schön ausgebildeten Kristallen vor.

Die Kristallformen sind verschieden. In der unteren Abbildung sind klare, durchsichtige Gipskristalle zu sehen, die verzwillingt sind, wobei in jedem Kristallkörper zwei Gipskristalle zusammengewachsen sind und sich gegenseitig durchdrungen haben. Daraus entstand ein V-förmiger Einschnitt, der dem Zwillingskristall den Namen Schwalbenschwanz-Zwilling gab.

Sieht man diese V-Form an einem Kristall, kann man sicher sein, einen Gips-Zwillingskristall vor sich zu haben. Kein anderes Mineral zeigt diese charakteristische Form.

Durchsichtig werden Gipskristalle dann, wenn sie beim Wachstum genügend Freiraum in Form eines Hohlraums im Gestein zur Verfügung haben. Zusätzlich ist eine geringe Wachstumsgeschwindigkeit erforderlich, damit sich die chemischen Bausteine geometrisch ausgerichtet aneinander lagern können. Die Transparenz von Gips ist eine Ausnahme.

Gips	auch: Selenit
Farbe	**weiß, farblos**
Strichfarbe/Mohs-Härte	**weiß / 1–2**
Kristallsystem	**monoklin**
Spaltbarkeit	**vollkommen**
Chem. Zusammensetzung	**$CaSo_4 * 2 H_2O$**

Gipskristalle auf Kalkstein, Süddeutschland

113

Gips oder Selenit –
zwei Namen für dasselbe Mineral

Der Motor brummt, die Flügel glitzern im Sonnenlicht. Langsam schwebt der Pilot mit seinem Motorsegler über das Nördlinger Ries. Der Pilot fliegt über Nördlingen und dann in südwestlicher Richtung weiter. Er bewundert von hier oben die kreisrunde Form, die das Ries zeigt. Das Nördlinger Ries ist der größte Meteoritenkrater Deutschlands, hier schlug ein ca. 2 km großer Meteorit ein und bildete die Mulde in Bayerns Landschaft mit mehreren Kilometern Durchmesser. Am Rand des Rieses überfliegt der Segler nun einen Steinbruch. In diesem Steinbruch sind sogar vom Flugzeug aus mehrere dunkelgraue Tonadern zu sehen.

Im Steinbruch selbst sind einige Geologen unterwegs und untersuchen den Ton. Sie strahlen. Was haben sie gefunden? Der Ton beinhaltet klar durchsichtige Gips-Zwillingskristalle bis 10 cm Größe. So etwas hatten sie nun wirklich nicht im Nördlinger Ries erwartet. Im feuchten Ton haben sich tatsächlich, lange nach dem Meteoriteneinschlag, Gipskristalle gebildet, die bei ihrem Wachstum auch Teile des umgebenden Tons mit eingeschlossen haben.

So ergeben sich zusätzlich zur Verzwillingung auch Sanduhrstrukturen in den Kristallen, die besonders gut im Durchlicht zu sehen sind.

Gipskristalle mit Sanduhr-Struktur, Nördlinger Ries

114

Selenitnadeln

Wir sind in den rumänischen Bergen. Hinter dem nächsten Bergabhang klopft und hämmert es. Mineraliensucher sind dabei, Mineralstufen mit feinen Nadeln zu bergen. An einigen Stellen sind die Nadeln grün, an anderen weiß. Wieder andere Fundstellen zeigen orangebraune Nadeln.

Bei allen Farben handelt es sich um das gleiche, eigentlich farblose Mineral: Es sind Selenitnadeln. Die verschiedenen Farben kommen von Überzügen aus anderen Mineralien, die sich beim Wachstum der Selenite als Schicht abgelagert haben und nun eine Fremdfarbe der Selenite vortäuschen.

Selenitnadeln aus Rumänien

Fasergips – natürlicher Lichtleiter

Eine weitere Erscheinungsform von Selenit hat viele parallele, dünne Kristallnadeln. Sie heißen Fasergips. Sieht man auf die Stirnseite der Nadeln, so kann ein Lichtstrahl durch die Nadel dringen, selbst wenn das Fasergips-Stück 25 cm lang ist.

Licht, das auf eine Seite des Fasergipses auftrifft, wird wie bei einem Glasfaser-Lichtleiter weitergeleitet. So scheint es dem Betrachter, als wenn der Kristall von innen heraus leuchtet.

Solche außergewöhnlichen Fasergipse werden im Hochland Marokkos als etwa 50 cm dickes Band im Fels gefunden und mit Muskelkraft abgebaut.

Das Gegenstück zu diesen nur durchschimmernden Fasergipsen sind Kristalle, die Marienglas genannt werden. Dies sind durchsichtige Gipsplatten, durch die der Betrachter hindurchschauen kann. Die Fundorte für solches Marienglas sind: Böhmen, Tschechien und Förste/Harz.

Fasergips-Kristall aus den Bergen Marokkos

116

Gipsrose –
kunstvolles Gebilde aus der Wüste

50 °C Hitze, die Luft flimmert. Mitten in der Wüste Tunesiens ziehen einige Kamele mit langsamem Schritt durch den Sand. Eine kleine Schlange bewegt sich durch den Sand, halb eingegraben wartet sie auf Beute.

50 cm bis 1 m unter der Schlange liegen herrliche Kunstwerke, wie sie die Natur nur im Wüstensand schafft: Gipsrosen.

Es regnet sehr selten in der Wüste. Wenn dies doch einmal geschieht, sickert das Wasser sehr schnell in den Untergrund. Bringt es etwas Gips als Kitt mit unter die Sandoberfläche, so verkleben Sandkörner miteinander. Die Gipsrosen entstehen.

Solche Gipsrosen bestehen aus vielen Rippen, die sich durchdringen. Hitzeeinwirkung färbt die Ränder der Rippen weiß. Es entsteht ein Gebilde, bei dem die Natur ihr ganzes schöpferisches Können zeigt.

Gips	und Sand = Quarzkörnchen
Farbe	**gelblich**
Chem. Zusammensetzung	**$CaSo_4 * 2\ H_2O + SiO_2$**

Gipsrose aus der Wüste Tunesiens

Sandrose –
Naturwunder aus dem Wüstensand

1–2 Meter unter der Sandoberfläche: Fächer, Rippen, Blätter aus Sand schlummern ihrer Entdeckung entgegen. Über Jahrhunderte haben sie sich gebildet. Bei jedem der seltenen Regenfälle kam etwas Kalk-Kitt in die Tiefe und hat wieder einige Sandkörnchen an eine Rippe geklebt. So enstanden die Sandrosen. Kunstvolle Gebilde, die bis zu einem Meter groß werden können.

Sie bestehen aus verklebten Sandkörnern, also aus Quarz.

Gips	und Sand = Quarzkörnchen
Farbe	**gelblich**
Chem. Zusammensetzung	**$CaSo_4 * 2\,H_2O + SiO_2$**

Sandrose aus Ägypten

Baryt –
ein weißes Mineral mit vielen Vorkommen

Baryt ist ein weißes Mineral, das an vielen Erzlagerstätten gefunden werden kann. Es ist weiß und undurchsichtig, bildet oft Kristalle, die wie Rippen aussehen. Diese Rippen können sich unregelmäßig durchdringen oder auch annähernd parallel angeordnet sein, wie in der Abbildung zu sehen ist.

Wenn in einem Gestein Hohlräume und Risse vorhanden sind, kann heißes Wasser durch das Gestein zirkulieren, das der Mineraloge „hydrothermal" nennt. Sind darin Barium (Ba) und Schwefel (S) gelöst und verdampft das heiße Wasser beim Kontakt mit dem Gestein, so bleiben diese Baustoffe übrig und lagern sich an das Gestein an. Kleine Baryt-Kristalle entstehen.

Sie wachsen weiter, wenn heißes Wasser neue Baustoffe herantransportiert.

Nach Jahrhunderten haben sich oft schöne Kristallstufen gebildet, die aus vielen Baryt-Rippen bestehen.

Baryt	auch: Schwerspat
Farbe	**weiß, gelblich, bräunlich**
Strichfarbe/Mohs-Härte	**weiß / 3–3$\frac{1}{2}$**
Kristallsystem	**ortho-rhombisch**
Spaltbarkeit	**vollkommen**
Chem. Zusammensetzung	**BaSO$_4$**

Baryt-Kristalle im Sonnenschein

Baryt – wichtiges Mineral im sauerländischen Bergbau

Meggen und Dreislar: zwei Orte, an denen schon seit vielen Jahren Bergbau betrieben wird. Hier gibt es Stollen, die sich mehrere hundert Meter unter Tage befinden und in denen Baryt abgebaut wird, das hier sowohl als Lagen im Gestein vorkommt als auch eindrucksvolle Kristallstufen bildet.

Baryt ist ein wichtiger Grundstoff für viele Dinge unseres täglichen Lebens. So wird aus Baryt das chemische Element Barium (Ba)

gewonnen. Barium ist Teil zahlreicher chemischer Substanzen in Medizin und Chemie.

Weiter dient Baryt in gemahlenem Zustand als Füllmittel für hochwertige Kunstdruckpapiere sowie als Farbpigment für Ölmalfarben. Auch Dispersionsfarbe für die Wand wird mit darin enthaltenem Barytpulver intensiveres Weiß zeigen.

Die typischen Baryt-Kristalle aus dem Bergwerk in Dreislar besitzen eine gelbliche Farbe. Diese wird durch eine dünne Haut aus Eisen erzeugt, die auf der Kristalloberfläche liegt. Im Inneren sind die Kristalle rosa-weiß gefärbt.

Baryt-Kristalle mit Eisenhaut, Dreislar

Baryt oder Schwerspat

Seinen zweiten Namen „Schwerspat" bekam Baryt von einer seiner Eigenschaften, nämlich dem spezifischen Gewicht.

Das spezifische Gewicht eines Minerals sagt aus, wie schwer es im Vergleich zu Wasser ist.

Wasser wiegt 1 kg/dm³, also pro Liter Volumen. Baryt hat durch seine chemische Zusammensetzung ein viel höheres Gewicht. Ein Volumen von einem Liter, gefüllt mit gemahlenem Baryt, wiegt 4,5 Kilogramm. Somit ist Baryt 4,5-mal schwerer als Wasser.

In seltenen Fällen kann der Baryt in einer besonderen Kristallform gefunden werden: als Meißelspat. Hier sind seine Kristalle besonders dick und haben gleichzeitig eine Spitze, die tatsächlich an die Form eines Meißels erinnert. Oft sind solche Kristalle auch durchscheinend, was für dieses Mineral eine Besonderheit ist. Die schönsten Meißelspäte im süddeutschen Raum werden heute in der Grube Clara gefunden, dem einzigen noch aktiven Bergwerk im Schwarzwald.

Meißelspat-Kristalle, Grube Clara, Schwarzwald

Rhodochrosit –
seltener Schmuckstein aus der Tiefe der Erde

Die Inkas gaben im 13. Jahrhundert ihren Silberabbau in argentinischen Minen auf. Seit dieser Zeit wuchsen am Boden der Stollen rosafarbene Tropfsteine. Mangan, Kohlenstoff und Sauerstoff verbanden sich Tropfen für Tropfen zu Rhodochrosit-Kristallen. Diese Kristalle sind heute mit die schönsten Rhodochrosite, die auf der Welt gefunden werden.

Am häufigsten sind rosa-weiß gebänderte Kristall-Aggregate, die seit 1950 für Schmuck verarbeitet werden. Sind die rosa-weißen Bänder kreisförmig, heißt der Stein Inkarose. Besonders seltene und damit wertvolle Sammlerstücke sind durchsichtige, intensiv rosa gefärbte Rhodochrosit-Kristalle.

Rhodochrosite, die einige 10 000 Jahre alt sind, wurden in Deutschland in den obersten Gesteinsschichten verschiedener Eisen-/Mangan-Bergwerke gefunden: Nassau, Bockenrod im hessischen Odenwald, Schäbenholz bei Elbingerode im Harz und Grube Wolf bei Herdorf/Siegerland. Weitere wichtige Fundländer sind Nordamerika und Südspanien.

Inkarose mit kreisförmiger Bänderung im Schnee, Herkunft Nordamerika

122

Der Name kommt vom griechischen „rhodochrosis", was „rosenfarbig" bedeutet. Die Indianer verschenkten den Stein als Liebespfand und verehrten ihn als heilig. Sie versprachen sich auch Heilwirkung gegen Kopfschmerzen und schrieben dem Rhodochrosit stimmungsaufhellende Wirkung zu.

Sehr beliebt ist schon seit langem die Verarbeitung von Rhodochrosit-Scheibchen in Silberschmuck. Das Licht scheint zart durch den Stein, zusammen mit poliertem Silber wirkt das Schmuckstück sehr harmonisch und unterstützt das Lächeln seiner Trägerin.

Der größte durchsichtige, kräftig rote Rhodochrosit, der sogar mit Facetten geschliffen

wurde, wiegt 59,65 Karat und stammt aus Südafrika.

Den Rhodochrosit kann man durch seine rosa-weiße Bänderung leicht unterscheiden vom Rhodonit, der rosa-schwarz gebändert ist.

Rhodochrosit	auch: „Manganspat", „Inkarose"
Farbe	**rosa bis rot durchscheinend**
Strichfarbe/Mohs-Härte	**weiß / 3–4**
Kristallsystem	**trigonal**
Spaltbarkeit	**vollkommen**
Chem. Zusammensetzung	**$MnCO_3$ Mangan-Carbonat**

Rhodochrosit-Scheibchen, in poliertes Silber gefasst

Rhodonit –
benannt nach der Rose

Schon in der Antike war der Rhodonit bekannt. Nach seiner Farbe nannten die Griechen ihn Stein der Rose = Rhodonit. Sein typisches Aussehen macht ihn unverwechselbar. Kein anderes Mineral zeigt diese rosa Farbe mit schwarzer Bänderung.

Tagsüber 50 °C Hitze, nachts kühle 10 °C: Das sind die Bedingungen, unter denen Rhodonit-Kristalle in Australien abgebaut werden. In Neusüdwales (Broken Hill) ist eines der wichtigsten Vorkommen von Rhodonit. Weitere Vorkommen wurden in Tansania, etwa 120 km entfernt vom Kilimandscharo, entdeckt. Auch im Ural, 25 km von Swerdlowsk entfernt, werden heute wieder, nach einer Abbaupause in den 70er Jahren, Rhodonite aus dem Gestein gewonnen.

Der Rhodonit findet weite Verwendung als Schmuckstein. Die Griechen der Antike schrieben diesem Mineral die Wirkung zu, vor Gefahr zu warnen. Er soll angeblich den Herzschlag beschleunigen, sobald Gefahr droht.

Rhodonit	von: griech. „rhodon" = Rose
Farbe	**rosa mit schwarzen Bändern**
Strichfarbe/Mohs-Härte	**weiß / 5–6**
Kristallsystem	**triklin**
Spaltbarkeit	**vollkommen**
Chem. Zusammensetzung	$CaMn_4 [Si_5O_{15}]$

Polierter Rhodonit aus Australien

Malachit –
grüner Stein, meist mit Bänderung bekannt

Bagger fahren durch den kilometerlangen Steinbruch. Mit kupferhaltigem Gestein beladene Lastwagen fahren zur nächsten Aufbereitungsanlage. Wir sind im Ural in einer der größten Kupferlagerstätten der Welt.

Klein gemahlenes Gestein läuft die Förderbänder entlang, nach und nach werden kupferfarbene Bruchstücke sichtbar, auch einige grüne Stücke sind zu sehen. Das sind Malachite, die mit ihrer intensiven grünen Farbe aus dem Gestein herausleuchten.

Malachit ist grün und undurchsichtig. Oft bildet dieses Mineral kleine Kugeln, die bei genauem Hinschauen mit dem Mikroskop aus unendlich vielen dünnen Kristallnadeln aufgebaut sind. Diese Nadeln wachsen alle von einem Punkt aus fächerförmig auseinander. So entsteht die kugelförmige Gestalt.

Malachit	von: griech. „malache" = Malve
Farbe	**grün, teilw. gebändert**
Strichfarbe/Mohs-Härte	**grün / 4**
Kristallsystem	**monoklin**
Spaltbarkeit	**gut, aber kaum sichtbar**
Chem. Zusammensetzung	$Cu_2[(OH)_2/CO_3]$

Malachit-Kugeln auf einem Kalkstein, vergesellschaftet mit gelblichen Calcitkristallen

Malachit

Schaba im südlichen Zaire liefert heute die schönsten Malachit-Kristalle, die jeder Mineralienfreund gerne in seiner Vitrine hat.

Herrlich gebänderte Lagen von Malachit sind im Ural zu finden. Wird ein Malachit poliert, so zeigt sich die ganze Pracht der abwechselnd dunkelgrünen und hellgrünen Lagen, die kräftig leuchten. Diese Farben machen den Malachit zu einem begehrten Schmuckstein.

Da der Malachit nicht sehr hart ist, lässt er sich gut zu Pulver zerreiben. Dieses Pulver wurde im Mittelalter als Farbpigment für die Freskenmalerei verwendet, aber auch als Lidschatten.

Die alten Ägypter besaßen Malachit von der Sinai-Halbinsel und trugen ihn als Amulett. Im Ägyptischen Totenbuch steht beschrieben, dass die Himmelsgöttin „Sterne als Grünsteine" fallen ließ.

Der Malachit ist eng verwandt mit dem Azurit, der tiefblau gefärbt ist. Die chemischen Formeln dieser beiden Mineralien sind fast identisch. Durch Wasseraufnahme kann sich der Azurit in den Malachit umwandeln.

Polierter Malachit mit Bänderung, Ural, Russland

Azurit –
ein Mineral, blau wie der Himmel

Azurblau – diesen Begriff kennt man für den intensiv blauen Himmel im Sommer. Und ebenso ist der Azurit gefärbt. Dieses Mineral hat die intensivste Blaufärbung aller undurchsichtigen Steine.

Er kann auch, wie Malachit, eine Bänderung zeigen, die dann zwischen hellblau und dunkelblau wechselt.

Besonders schöne Einzelkristalle, die auch durchscheinend sind, wurden in Tsumeb, SW-Afrika, gefunden. Solche Azurit-Kristalle mit Spitze und Lichtdurchlässigkeit sind sehr selten. In der Regel wird Azurit als Farbschicht auf Gestein gefunden. Bei den großen Malern des Mittelalters war gemahlener Azurit ein beliebtes und sehr wertvolles Farbpigment.

Solche Funde wurden in vielfältigen Formen schon im Mittelalter gemacht. Neubulach im Schwarzwald besitzt ein Bergwerk aus dieser Zeit, in dem über Jahrhunderte die schönsten Azurit-Kristallstufen gefunden wurden. Heute können diese Kristalle im ausgebauten Schaubergwerk und dem dortigen Museum bewundert werden.

Azurit	
Farbe	**blau, teilw. gebändert**
Strichfarbe/Mohs-Härte	**blau / 3–4**
Kristallsystem	**monoklin**
Spaltbarkeit	**vollkommen**
Chem. Zusammensetzung	$Cu_3\,[OH/\,CO_3]_2$

Azurit-Kristalle auf Calcit mit Malachit, Tsumeb, Afrika

Chrysokoll –
schon bei griechischen Goldschmieden bekannt

Kieselkupfer, Kieselmalachit, Kupfergrün: Diese alten Namen bezeichnen den Chrysokoll, eine blaue Mineralmasse im Gestein ohne Kristallform.

Wir sind bei einem antiken Goldschmied in Griechenland zu Gast und schauen ihm über die Schulter: Gerade hat er einen komplizierten Armreif aus Gelbgold in Arbeit. Es ist ein Auftrag der reichsten Dame aus der Stadt. Der Reif ist fast fertig, es fehlt nur noch die Fassung für den Stein, der die Zierde des Armreifs sein soll. Es ist bereits Nacht. Beim flackernden Licht seiner Kerze erhitzt der Goldschmied den Reif und die Fassung, streut etwas blaugrünes Pulver auf die Stelle, auf der die Fassung angebracht werden soll, und beginnt zu löten. Und nach wenigen Minuten hat er die Fassung auf dem Reif befestigt.

Was hat ihm dabei geholfen? Es ist das blaugrüne Pulver, nämlich gemahlener Chrysokoll. Im Altertum wurde dieses Mineral als Goldlot verwendet. Mit seiner Hilfe entstanden viele schöne Schmuckstücke, die bei archäologischen Ausgrabungen entdeckt wurden. Auch heute noch kann Chrysokoll gefunden werden, meist bei Kupferlagerstätten wie in Bisbee, Lizard in Cornwall, Bogoslowsk im Ural.

Chrysokoll	von: griech. „chrysokolla" = Goldlot
Farbe	**blaugrün**
Strichfarbe/Mohs-Härte	**grünlichweiß / 2–4**
Kristallsystem	**amorph**
Spaltbarkeit	**keine**
Chem. Zusammensetzung	$CuSiO_3 + H_2O$

Blaugrüner Chrysokoll, in Kalksteinstücke eingewachsen

Sugilith –
moderner Schmuckstein mit kurzer Geschichte

Sehr selten und erst seit kurzem als Schmuckstein bekannt ist der Sugilith. 1944 wurde er erstmals vom Japaner Dr. K. Sugi beschrieben und ist seither nach ihm benannt. Es gibt weltweit nur eine Sugilith-Fundstelle in einem Ägirin-Syenit-Gestein auf der Insel Iwagi, Japan.

Sugilith ist teuer. Ein Stein mit wenigen Gramm Gewicht kann in guter Farbe einige hundert Euro kosten.

Früher wurde der Sugilith oft fälschlich als Sogdianit angeboten, bis genauere Untersuchungsmethoden ermöglichten, diesen Stein korrekt in die Systematik der Mineralien einzuordnen.

Sugilith	
Farbe	**violett**
Strichfarbe/Mohs-Härte	**weiß / 7**
Kristallsystem	**hexagonal**
Spaltbarkeit	**undeutlich**
Chem. Zusammensetzung	$(K,Na)_2(Ti,Fe)_2$ $(Li,Al)_3[Si_{12}O_{30}]$

Sugilith-Handstück aus Japan

Jadeit –
traditioneller Stein aus China

Der Name Jade stammt aus der Zeit der spanischen Eroberung Mittel- und Südamerikas und bedeutet „piedra da ijada", was so viel wie „Lendenstein" bedeutet, weil man diesem Stein Heilwirkung gegen Lendenleiden zuschrieb.

Schon seit 7000 Jahren sind die grünen, als Jade bezeichneten Steine besonders in der chinesischen Kultur bekannt. Doch erst eine Untersuchung des Franzosen Damour ergab 1863, dass die als Jade bezeichneten Steine eigentlich aus zwei Mineralarten bestehen, die miteinander verwachsen sind. Diese Mineralien sind Jadeit und Nephrit. Beide Mineralien sind grün und sehen für das Auge des Betrachters sehr ähnlich aus. So werden auch heute noch grüne Steine pauschal als Jade bezeichnet.

Die Jade der chinesischen Herrscher hieß Imperial-Jade. Diese besteht aus smaragdgrünem, durchscheinendem Jadeit und ist auch heute noch die begehrteste Qualität.

Jadeit	
Farbe	grün, auch alle anderen Farben
Strichfarbe/Mohs-Härte	weiß / 6–7
Kristallsystem	monoklin
Spaltbarkeit	undeutlich
Chem. Zusammensetzung	NaAl[Si$_2$O$_6$]

Jadeit-Anhänger aus der Maori-Kultur, Neuseeland

130

Nephrit–
seit Jahrtausenden für Ziergegenstände verwendet

Vor über 2 000 Jahren wurde Jade in China zu Kulthandlungen und zur Anbetung der Götter verwendet und zu mystischen Figuren und geschnitzten Bildern verarbeitet. Im präkolumbianischen Amerika schätzte man Jade höher als Gold. Durch die spanische Eroberung war die Kunst des Jadeschneidens in Amerika jedoch plötzlich beendet, während in China dieser Zweig der Kunst immer noch blüht.

Reist man heute durch China, so werden in vielen Geschäften grüne, oft kunstvoll verarbeitete Steine angeboten. Meist sind diese Steine aber kein reiner Jadeit, sondern Nephrit. Der Nephrit kommt in der Natur häufiger vor und kann auch mit Jadeit vermischt sein.

Aus der Region Baikalsee in Russland wird Nephrit mit der Bezeichung Russisch-Jade angeboten.

Nephrit	
Farbe	**grün, auch alle anderen Farben**
Strichfarbe/Mohs-Härte	**weiß / 6–6½**
Kristallsystem	**monoklin**
Spaltbarkeit	**undeutlich**
Chem. Zusammensetzung	$\mathbf{Ca_2(Mg,Fe)_5}$ $\mathbf{[(OH,F)|Si_4O_{11}]_2}$

Nephrit-Tiere, in China graviert

Sodalith –
mit Sodawasser verwandt

Sodalith und Sodawasser erhielten ihren Namen vom hohen Gehalt an Natrium, das auf englisch „sodium" heißt.

Betrachtet man die chemische Formel von Sodalith, so zeigt sich, dass er zu einem großen Teil aus Natrium besteht.

Für Schmuckzwecke sind dunkelblaue Sodalithe mit feiner weißer Bänderung sehr beliebt. Auch lässt sich dieser Stein sehr gut zu Schalen und weiteren Ziergegenständen verarbeiten.

Er kommt auf vielen Lagerstätten vor, jedoch nur selten in kräftiger blauer Farbe. So z. B. in Brasilien (Bahia), Grönland, Indien, Ontario (Kanada). In Namibia sind sogar durchsichtige Kristalle gefunden worden, die äußerst seltene Sammlerstücke darstellen.

Sodalith	nach: engl. „sodium" = Natrium
Farbe	**blau, weiß gebändert**
Strichfarbe/Mohs-Härte	**weiß / 5–6**
Kristallsystem	**kubisch**
Spaltbarkeit	**nicht sichtbar**
Chem. Zusammensetzung	**$Na_8[Cl_2 / (AlSiO_4)_6]$**

Sodalith-Rohstein in typischer Form

Di Stenos –
zwei Härten in einem Mineral

Um ein Mineral zu bestimmen, ist es stets hilfreich, seine Härte zu testen. Dazu verwendet man die 10 Steine der Mohsschen Härteskala, die die Härtegrade von 1 bis 10 repräsentieren. Härte 1 ist die geringste und tritt bei dem Mineral Talk, die maximale Härte 10 beim Diamanten auf. Zum Austesten der Härte nimmt man nun der Reihe nach die Mineralien der Härteskala und versucht das zu bestimmende Mineral zu ritzen. Entsteht kein Ritz, so ist das noch unbekannte Mineral härter als der Teststein aus der Härteskala. Entsteht ein Ritz, so ist es weicher als der Teststein.

Der Disthen hat seinen Namen nach der griechischen Bezeichnung „Di Stenos" = die zwei Härten. Ritzt man einen Disthen in Längsrichtung, hat er die Härte 4 bis 5, ritzt man ihn quer dazu, hat er die Härte 6 bis 7.

Disthen wird oft als herrliche blaue Kristalle, eingewachsen in Marmor, gefunden. Besonders schöne Kristalle kommen im Tessin und in Tirol vor.

Disthen	auch: Kyanit
Farbe	**blau**
Strichfarbe/Mohs-Härte	**weiß / 4–5**
	quer dazu 6–7
Kristallsystem	**triklin**
Spaltbarkeit	**vollkommen**
Chem. Zusammensetzung	$Al_2[O/SiO_4]$

Disthen-Kristalle, auf Marmor aufgewachsen

Larimar –
ein neuer Stein aus der Karibik

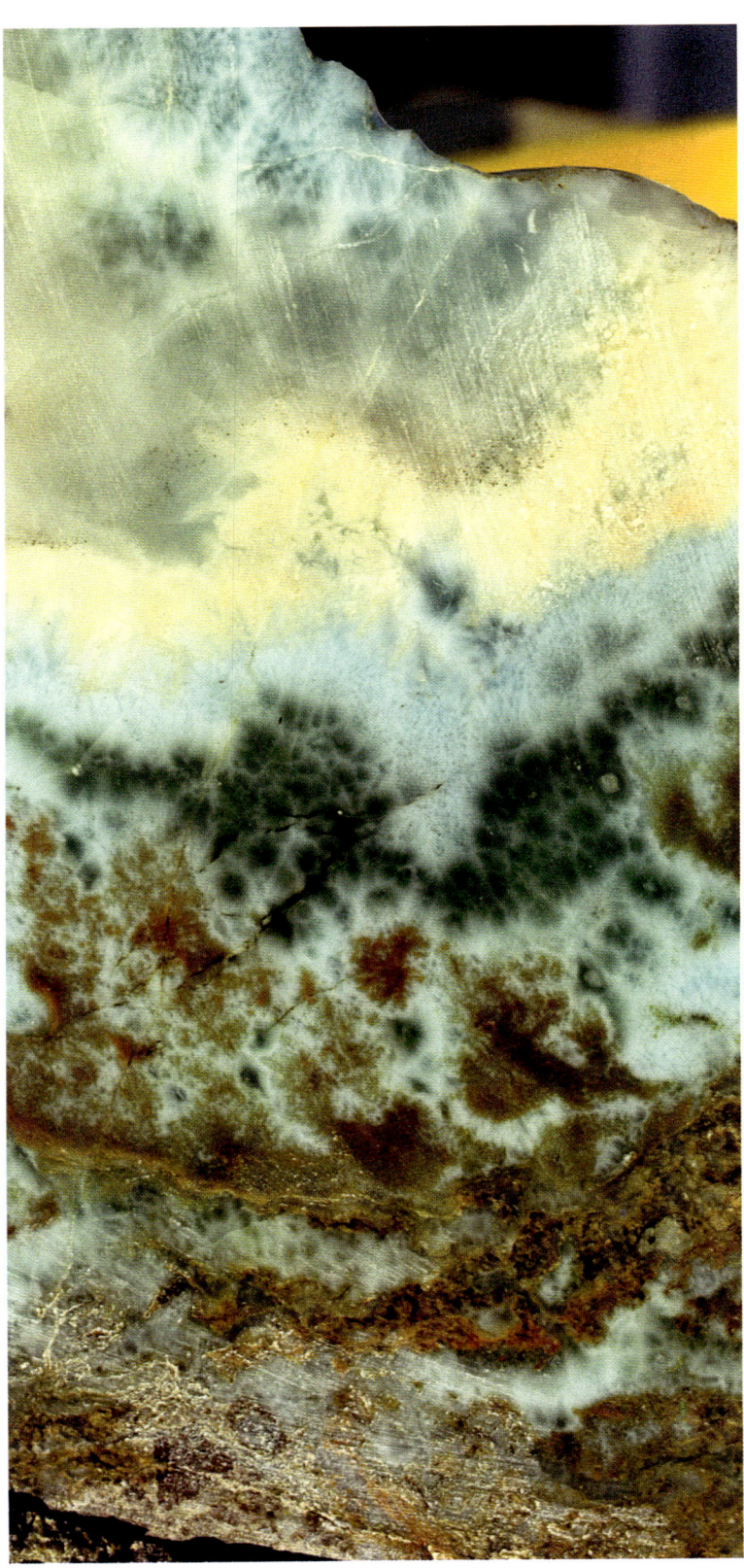

Die Dominikanische Republik ist Herkunftsort des neuesten der modernen Schmucksteine, des Larimar.

Erst seit ca. drei Jahren ist dieser Stein bei uns auf dem Markt, und schon erfreut er sich großer Beliebtheit bei vielen Frauen.

Seine hellblaue Farbe erinnert an die Weite des Himmels und des Meeres. Meist ohne ausgebildete Kristallform, findet man dieses Mineral als hellblaue Bänder in kalkhaltigem Gestein.

Seine hellblaue Leuchtkraft veranlasste schon seit jeher die amerikanischen Indianer in der Karibik dazu, den Larimar als Glücksbringer und Heilstein anzusehen.

Larimar	
Farbe	hellblau meliert
Strichfarbe/Mohs-Härte	weiß / 6
Kristallsystem	triklin
Spaltbarkeit	undeutlich
Chem. Zusammensetzung	$NaCa_2Si_3O_8(OH)$

Larimar-Rohstein, angeschliffen, Dominikanische Republik

134

Lapislazuli

Lapislazuli wird seit mehr als 6 000 Jahren im Hindukusch-Gebirge in Afghanistan gefunden und noch immer mit einfachsten Geräten im unwegsamen Gelände, nur mit Muskelkraft, abgebaut. Lapislazuli wurde schon in vorgeschichtlicher Zeit zu Schmuckzwecken verwendet. Im Mittelalter war dieses Mineral der Farbstoff für Ultramarin, die Farbe der Könige.

Lapislazuli ist ein Gemenge verschiedener Mineralien mit dem Hauptbestandteil Lasurit. Dazu kommen Augit, Calcit, Diopsid, Enstatit-Glimmer, Hauyn, Hornblende, Nosean und Pyrit. Somit kann der Lapislazuli fast schon als Gestein bezeichnet werden, wenn auch als sehr seltenes und edles. Am begehrtesten sind die intensiv blauen Farben.

Pyrit gibt dem Lapislazuli oft das Aussehen eines Sternenhimmels.

Lapislazuli	von: arab.-lat. = „blauer Stein"
Farbe	**blau**
Strichfarbe/Mohs-Härte	**hellblau / 5–6**
Kristallsystem	**kubisch**
Spaltbarkeit	**undeutlich**
Chem. Zusammensetzung	**$(Na,Ca)_8[(SO_4,S,Cl)_2|$ $(ASiO_4)_6]$**

Lapislazuli-Anschliff

135

Lapislazuli, zum Schmuckstück geschliffen

Laspislazuli

Die Legenden um den Lapislazuli reichen bis 5000 v. Chr. zurück. Den Assyrern war der Lapislazuli der heilige Stein Uknu, der das Blau des Himmels und darin das Licht der Götter auf die Erde gebracht hat.

Auf der ganzen Welt existieren heute Gotteshäuser und Tempel, die mit diesem Stein als Wandverkleidung oder als Intarsien verziert sind.

Seine tiefe blaue Farbe stammt vom eingeschlossenen Schwefel, der aber nur in den seltensten Fällen absolut gleichmäßig im Stein verteilt ist. So ergibt sich oft ein Farbspiel, in dem hellere mit dunkleren blauen Bereichen abwechseln.

Türkis –
Stein der Indianer

Der Türkis hat seinen Namen von den Kreuzfahrern, die diesen Stein in der Türkei kennen lernten und ihn nach diesem Land benannten.

Lange, bevor die Kreuzfahrer diesen Stein zum ersten Mal sahen, war er bei den Indianern der heutigen USA bekannt. Hier, in den Indianerreservaten, liegen auch die Minen, aus denen die besten Qualitäten von Türkis gewonnen werden.

Türkis kann von hellblau bis dunkelblau alle Farbschattierungen besitzen und mit Adern vom Muttergestein durchzogen sein. Oft kommt dieses Mineral als Aggregat vor, also als hellblaue Masse, in der unzählige mikroskopisch kleine Kriställchen zusammengewachsen sind. Diese Masse ist oft recht weich und für Schmuck nicht optimal. In solchen Fällen wird der Türkis stabilisiert, d. h. mit Kunstharz getränkt. Dies erhöht die Haltbarkeit im Schmuck und verhindert vor allen Dingen, dass Schmutzpartikel in die Oberfläche des Türkis eindringen können und ihn dunkelgrün umfärben, was oft nach längerem Tragen geschieht. Eine Reinigung des Türkis ist dann nicht mehr möglich. Daher soll Türkis nie direkt auf der Haut getragen werden.

Türkis	
Farbe	**hellblau bis dunkelgrün**
Strichfarbe/Mohs-Härte	**weiß / 5–6**
Kristallsystem	**triklin**
Spaltbarkeit	**keine**
Chem. Zusammensetzung	$CuAl_6[(OH)_2|PO_4]_4 * 4H_2O$

Hellblaue und dunkelgrüne Türkisadern in Muttergestein

Moldavit –
steinerner Zeuge eines Meteoriteneinschlags

Es geschah vor Millionen von Jahren: Auf das Nördlinger Ries (Fränkische Alb) raste ein Meteorit zu. Mit seiner ungeheuren Geschwindigkeit von ca. 70 000 km/h schlug der glühende Meteorit in die Erdkruste ein und brachte das Gestein rund um die Einschlagstelle zum Schmelzen. 900 °C heiße Tropfen aus geschmolzenem Gestein flogen rot glühend in die Luft. Dort kühlten sie in wenigen Minuten durch den Flugwind ab und wurden noch fliegend wieder zu festem Stein. Die Moldavit-Steine hatten sich gebildet. Höhenwinde wehten sie über Hunderte von Kilometern bis in das heutige Moldau-Gebiet in Tschechien, wo sie nun in Steinbrüchen und Sandgruben bei Ceské Budejovice (Böhmen) und Terbic (Mähren) gefunden werden.

Durch das schnelle Abkühlen innerhalb weniger Minuten bildeten sich in den Moldaviten keine Kristalle, sondern eine glasartige Struktur.

Erst gegen 1970 fanden Forscher heraus, dass die Moldavite aus geschmolzenem ehemaligem Gestein aus dem heutigen Nördlinger Ries bestehen.

Schon in Schmuck aus der Steinzeit ist der Moldavit zu finden. Er wurde wahrscheinlich als Fruchtbarkeitssymbol als Amulett getragen.

Moldavit	auch: „Bouteillenstein"
Farbe	**flaschengrün bis braungrün**
Strichfarbe/Mohs-Härte	**weiß / 5**
Kristallsystem	**amorph**
Spaltbarkeit	**nicht eindeutig**
Chem. Zusammensetzung	SiO_2 **(+Al_2O_3)**

Moldavit aus Tschechien auf schwarzem Lava-Sand von der Insel Stromboli

Tektite –
Zeugen gewaltiger geologischer Prozesse

Gesteinsgläser – so kann man Tektite auch bezeichnen. Einer der bekanntesten Tektite ist der grüne Moldawit.

An vielen Stellen unserer Erde finden sich Einschlagtrichter von Meteoriten. Jeder Meteoriteneinschlag brachte eine ungeheure Hitze und sehr hohen Druck mit sich, dem die Gesteine rund um den Einschlagtrichter ausgesetzt waren. Teile des Gesteins schmolzen auf und wurden als flüssige Tropfen in die Luft geschleudert. Beim Flug kühlten sie ab und fielen als Tektite auf die Erde zurück. Die oft länglichen, ovalen Formen formte der Flugwind.

Je nach ihrem Fundort erhielten die Tektite unterschiedliche Bezeichnungen:

Australite, Billitonite, Muong-Gong-Gläser, Moldavit sind nur einige der Handelsnamen für die Tektite.

Tektite	von: griech. „tektos" = geschmolzen
Farbe	**alle Naturfarben möglich**
Strichfarbe/Mohs-Härte	**verschieden**
Kristallsystem	**amorph, Glasstruktur**
Spaltbarkeit	**keine**
Chem. Zusammensetzung	**verschieden, nach Fundort**

Schwarze Tektite aus den USA

Pelees Haar –
Kristallnadeln, vom Himmel gesandt

Nebelschwaden ziehen im Dunst des frühen Morgens über den Kraterrand. Es ist kühl, die Sonne kommt gerade erst über den Horizont. Trommelschläge in der Ferne, dann minutenlange Stille. Plötzlich hört man den monotonen Sprechgesang der Priester, der Wind hat gedreht.

Wir sind auf Hawaii. Die Priester beten die Göttin Pelee an, ihre Göttin des Feuers und der Vulkane. Auf dem Boden finden sie ihr Haar, das sie Pelees Hair nennen. Sie nehmen dies als Beweis, dass Pelee sich über Nacht hier aufgehalten hat.

Mineralogisch ist „Pelees Hair" Gestein, das fein wie Haar in dünnen Nadeln rund um den Kraterrand liegt. Es entstand aus ehemaliger Lava, die beim letzten Vulkanausbruch durch Gasausbrüche zu millimeterdünnen Nadeln zerblasen wurde. Nach kurzem Flug durch die Luft rieselten sie zart und glitzernd zu Boden.

Die feinen Nadeln bestehen aus Gesteinsglas und können am besten auf den verschiedenen Vulkanen Hawaiis gefunden werden.

Pelees Haar	nach: Göttin Pelee, Hawaii
Farbe	braungrün
Kristallsystem	amorph, Glasstruktur
Chem. Zusammensetzung	verschieden, nach Fundort

Pelees Haar, Hawaii

Gesteinsschaum –
Zeuge von Hitze und Gas

Ein Vulkanausbruch: Gas und Asche fliegen in die Luft. Dazu immer wieder kleine Tropfen aus geschmolzenem Gestein (Lava), mehr als 1 000 °C heiß.

Das viele Gas, das in den Lavatröpfchen ist, entweicht schlagartig beim Flug der Tröpfchen durch die Luft. Die Lava schäumt auf und wird innerhalb von Minuten durch den kalten Flugwind fest. Gesteinsschaum entsteht, der nun langsam zu Boden rieselt.

Solche Vorgänge können bei Vulkanausbrüchen besonders dort beobachtet werden, wo die Vulkane sehr viel Gas zusammen mit der Lava in die Luft schleudern.

Gesteinsschaum	
Farbe	**braungrün**
Kristallsystem	**amorph, Glasstruktur**
Chem. Zusammensetzung	**verschieden, nach Fundort**

Gesteinsschaum, Hawaii

Obsidian –
Glas gewordenes Magma

Wir sind in Äthiopien vor 2000 Jahren: Ein Römer läuft durch die Steppe und stolpert über schwarze Steine. Diese sehen so ganz anders als das hellere Gestein aus, das hier den Boden und die Felsen bildet.

Er nimmt den Stein in die Hand und bemerkt dort einen strahlenden Glanz, wo der Stein gerade auseinander gebrochen ist. In seinem Zelt untersucht er ihn weiter und entdeckt, dass der Stein an seiner Bruchstelle fächerförmige Linien zeigt. Nach der Untersuchung weiterer Steine dieser Art sieht er, dass die Bruchstellen stets diese Strukturen zeigen.

Der Römer hieß Obsius. Nach ihm wurden diese Steine Obsidian genannt.

Heute weiß man, dass Obsidian ein Gesteinsglas ist. Es handelt sich also um Lava, die langsam den Hang eines Vulkans herunterfließt und dabei innerhalb von Stunden oder Tagen fest wird. Dieser Zeitraum ist für einen geologischen Vorgang sehr kurz, so dass keine Zeit bleibt, um Kristalle im Inneren der erstarrenden Masse wachsen zu lassen. So entsteht ein amorphes, unstrukturiertes Gesteinsglas.

Obsidian	
Farbe	**schwarz, grau, braun**
Strichfarbe/Mohs-Härte	**weiß / 5–7**
Kristallsystem	**amorph, Glasstruktur**
Spaltbarkeit	**muschelig**
Chem. Zusammensetzung	**verschieden, nach Fundort**

Obsidian vom Berg Ararat, Türkei

Schimmernde Flächen

Besonders flüssige Lava, die schnell am Hang des Vulkankraters herunterfließt, kann hauchfeine Lagen aus Gesteinsglas bilden, die sofort miteinander innig verbacken. So geschehen in Mexiko vor Jahrmillionen.

Heute findet man dort Obsidiane, die nach dem Schleifen und Polieren ein wunderschönes Farbenspiel zeigen. Auf einem eigentlich einheitlich schwarzen Stein erscheinen bei richtiger Drehung im Licht plötzlich alle Farben des Regenbogens, die metallisch auf der Oberfläche schimmern.

Das Farbenspiel entsteht dadurch, dass das auftreffende Licht in seine Spektralfarben aufgespalten wird. Dies geschieht nur senkrecht zu den hauchdünnen Obsidianlagen im Inneren des Steins.

Regenbogen-Obsidian, Mexiko

Schneeflocken-Obsidian

Liegt ein Obsidian über Jahrtausende tief im Gestein verborgen, so können sich in ihm in Ausnahmefällen nachträglich kleine Kristalle bilden, die bei der schnellen Erstarrung direkt während des Vulkanausbruchs keine Zeit zum Wachstum hatten. Solche weißen Kriställchen, die Sphärolithe genannt werden, wachsen von Sandkörnchen oder anderen kleinen Partikeln aus, die im Obsidian schon seit seiner Entste-

hung eingeschlossen waren. Diese weißen Kristalle geben dem Schneeflocken-Obsidian seinen Namen.

Besonders schöne Schneeflocken-Obsidiane werden in Utah/USA gefunden. Sie werden zu Schmuck und Ziergegenständen verarbeitet.

Schneeflocken-Obsidian, Utah/USA

Gediegenes Kupfer –
glänzendes Metall

Nur wenige Mineralien bestehen aus einem einzigen chemischen Element. Zu diesen gehört das gediegene Kupfer mit dem chemischen Element Cu (Kupfer). Kommt ein Metall in reiner Form vor, so nennt es der Mineraloge „gediegen".

Kupfer ist aus unserem Alltag nicht mehr wegzudenken. In Form von Dachrinnen, Dachverkleidungen, Töpfen und auch in Schmuck findet es weltweite Verwendung. Fast immer sind dort, wo Kupfer vorkommt, auch andere Kupfermineralien wie Cuprit, Azurit oder Malachit zu finden.

Reagiert das Kupfer mit der Luftfeuchtigkeit, so wird es grün, Grünspan entsteht.

Der größte Tagebau der Welt ist ein Steinbruch in Chile, der bis zu 1 km tief in die Erde vordringt. Chile fördert hier bis zu 800 000 Tonnen Kupfer pro Jahr.

Kupfer	
Farbe	**kupferfarben**
Strichfarbe/Mohs-Härte	**kupfer / 2–3**
Kristallsystem	**kubisch**
Spaltbarkeit	**keine**
Chem. Zusammensetzung	**Cu**

Kupfer aus Chile

145

Silber –
Metall der Könige

Wer kennt nicht den feinen Schimmer des Silbers? Seit dem Altertum ist es eines unserer wichtigsten Kulturgüter. Vasen, Tischaufsätze und Schmuck in allen Variationen sind seit jeher Zeugen der Kunstfertigkeit von Silberschmieden und des Reichtums von Königen.

Freiberg, Joachimsthal, St. Andreasberg – berühmte Fundstellen für gediegenes Silber im Harz und im Erzgebirge.

Auch im Odenwald bei Heidelberg konnten im Mittelalter Silberfunde gemacht werden, so z. B. im Anna-Elisabethstollen in Schriesheim.

Schon die Mönche des Klosters Wittichen bei Alpirsbach, Schwarzwald, wussten im Mittelalter um den Silberreichtum in den Gesteinen ihres Waldes. So wurde schon vor Jahrhunderten der Silberabbau im Schwarzwald betrieben.

Silber hat, ebenso wie Gold, eine besondere Eigenschaft, die es zur Verarbeitung in Schmuck so wertvoll macht: Es kann getrieben und zu feinen Blechen verarbeitet werden, ohne zu reißen.

So entstehen auch heute noch die schönsten Schmuckstücke aus diesem edlen Metall.

Silber	
Farbe	**silberfarben**
Strichfarbe/Mohs-Härte	**silber / 2–3**
Kristallsystem	**kubisch**
Spaltbarkeit	**keine**
Chem. Zusammensetzung	**Ag**

Gediegenes Silber auf Bergkristall

Gold –
das edelste aller Metalle

Gediegenes Gold auf Bergkristall, Schweiz

1820 in Alaska während des Goldrauschs: Täglich kommen nach monatelanger entbehrungsreicher Anreise durch Schnee, Eis und Kälte neue Goldschürfer im Yukon-Gebiet an. Alle haben ein Glitzern in den Augen, sind voller Ungeduld. Sie wollen ihren Claim abstecken und mit der Suche nach Gold beginnen. Die Goldschürfer-Claims sind Areale von etwa 100 mal 100 Metern, die nur dem eingetragenen Schürfer zustehen. Doch nicht in jedem Claim gibt es Gold. Die meisten Schürfer haben die weite Reise von allen Enden der Welt hierher umsonst gemacht.

Nur wenige Schürfer, nämlich die ersten, die am Yukon die Stellen mit den reichen Goldadern für sich sichern konnten, wurden wirklich reich.

Gold wird von Magma, das aus den Tiefen der Erde aufsteigt, mit an unsere Erdoberfläche gebracht und ist dann in den Goldlagerstätten zu finden. Sehr selten nur kommt es als Nuggets wie damals am Yukon River vor. Meist ist es in hauchfeinen Körnchen im Gestein verteilt und muss mit viel technischem Aufwand vom Gestein getrennt werden.

Gold	
Farbe	**goldfarben**
Strichfarbe/Mohs-Härte	**gold / 2–3**
Kristallsystem	**kubisch**
Spaltbarkeit	**keine**
Chem. Zusammensetzung	**Au**

147

Antimonit –
Gerüst aus silbrigen Kristallnadeln

Antimonit, Antimonglanz, Stibnit: drei Bezeichnungen für ein Mineral, das aus einem Gerüst silbriger Nadeln besteht. Es ist das wichtigste Erz für das chemische Element Antimon, das in der Chemie große Bedeutung hat. Immer wieder findet man Antimonit-Kristalle dort, wo auch gediegenes Gold zu finden ist. So in Wolfsberg im Harz oder in der Casparizeche in Arnsberg in Westfalen.

Heute bekommt der Mineraliensammler die schönsten Stücke aus China, Südafrika oder Bolivien, wo es große Vorkommen dieses Minerals gibt.

In Baia Sprie, Rumänien, sind große, stängelig ausgebildete Kristalle von Antimon bekannt.

Antimonit	auch: Stibnit
Farbe	**silbern glänzend**
Strichfarbe/Mohs-Härte	**dunkelgrau / 2**
Kristallsystem	**ortho-rhombisch**
Spaltbarkeit	**vollkommen**
Chem. Zusammensetzung	Sb_2S_3

Antimonit-Kristalle aus China

Schalenblende –
gelblich-silbrige Bänder, tief aus dem Berg

Der Name Schalenblende bezieht sich auf den schaligen Aufbau dieses Mineralaggregates, der abwechselnd gelb und silbrig glänzend ist.

Aus Zink und Schwefel ist im Laufe von Jahrtausenden ein Mineral gewachsen, die Zinkblende. Es glänzt metallisch und ist undurchsichtig. Doch immer wieder ist der Schwefelanteil in einem der Mineralbänder höher, dann färbt sich dieses Band gelb. So entsteht das reizvolle Farbwechselspiel der Schalenblende, das nach dem Polieren der Oberfläche voll zur Geltung kommt.

Zinkblende ist das wichtigste Erz zur Gewinnung des chemischen Elements Zink. Zink hat in unserem Alltag, besonders in den 1940er und 1950er Jahren, breiten Einzug gehalten. So sind Zinkbadewanne, Zinkeimer und Zinkschüsseln gute Beispiele für die Verwendung des Metalls.

Heute werden Metallteile verzinkt, um sie vor Rost zu schützen.

Schalenblenden, die für den Mineraliensammler interessant sind, kommen heute hauptsächlich in Peru vor, wo sie auch gleich vor Ort geschnitten und poliert werden.

Schalenblende	auch: Zinkblende
Farbe	**silbern glänzend + gelb**
Strichfarbe/Mohs-Härte	**weiß / 3–4**
Kristallsystem	**kubisch**
Spaltbarkeit	**vollkommen**
Chem. Zusammensetzung	**ZnS**

Schalenblende aus Peru

149

Schalenblende-Erz wurde schon von den Römern abgebaut

Das Wasser tropft. Der Stollen tief unter der Erde ist feucht, die Bergleute arbeiten sich mit Hammer und Meißel 2 cm pro Tag in den Berg vor. Sie sind auf der Suche nach Zinkblende-Adern, die im Berg nur schwer zu erkennen sind. Die römischen Bergmänner haben nur Grubenlichter mit einem kleinen Flämmchen, das so viel Licht wie eine einzelne Kerze gibt. 12 Stunden pro Tag arbeiten sie, immer auf der Suche nach der nächsten Erzader.

Fein gebänderte Strukturen, gelbbraun und silbrig, manchmal auch braun durchscheinend, leuchten immer wieder an der Stollenwand auf, wenn das Licht der Tranfunzel flackert. Erst im Tageslicht geben diese Mineralien, die Wieslocher Schalenblenden, ihre ganze Farbenpracht frei.

Seit 2000 Jahren wird hier, in Wiesloch bei Heidelberg, das Mineral Zinkblende abgebaut und verhüttet. Schon die Kelten fanden erste Stücke, richtige Verarbeitung auch in größeren Mengen führten die Römer ein und machten den Wieslocher Raum zu einem wichtigen Umschlagsplatz für Erzminerale.

Schalenblende aus Wiesloch bei Heidelberg

150

Honigblende –
ein Erzmineral in Orange

Honigblende: die schönste Farbe der Zinkblende. Wächst dieses Mineral tief im Berg sehr langsam und gleichmäßig, so können sich die Baustoffe Zink und Schwefel in aller Ruhe aneinander anlagern. Die reine Kristallstruktur der Zinkblende entsteht, ohne Einschlüsse, Risse und andere Verunreinigungen.

Eine solche Zinkblende hat orange Farbe und ist lichtdurchlässig. Dies ist eine große Besonderheit unter den Erzmineralien. Da die Farbe an Honig erinnert, wurde diese reine Zinkblende „Honigblende" genannt. Für den Mineraliensammler ist ein solches Stück eine Rarität, nach der es lange zu suchen gilt.

Vorkommen sind Trepca/Jugoslawien und Bleiberg in Kärnten.

Die Silbe „Blende" findet sich oft in Mineraliennamen von Erzen, wenn Schwefel in der chemischen Formel des Minerals enthalten ist.

Honigblende, die orange Variante von Zinkblende

Hämatit –
weit verbreitetes Eisenerz mit vielen Kristallformen

Woher kommt das Eisen, das wir verwenden? Es wird aus einem Mineral gewonnen, das in großen Mengen, jedoch seltener in schönen Kristallen vorkommt: dem Hämatit.

Hämatit besteht fast nur aus Eisen und kommt an vielen Fundstellen auf der Erde vor. Schon im Mittelalter wurde es in einigen Bergwerken Süddeutschlands abgebaut, so im Schwarzwald rund um Pforzheim und im Odenwald. Auch heute noch ist Hämatit das wichtigste Eisenerz und die Basis fast aller Metalle, die wir im Alltag verwenden. Ohne den Abbau von Hämatit wäre keine Stahlherstellung denkbar.

Hämatit wird auch Blutstein genannt. Dieser Name kommt daher, dass das Mineral einen braunroten Strich von Mineralpulver hinterlässt, wenn man es über eine unglasierte Porzellanplatte zieht. Durch seinen hohen Eisengehalt färbt Hämatit bei der Bearbeitung das Kühlwasser der Schleifmaschine blutrot.

Hämatit	auch: Roteisenstein, Eisenglanz
Farbe	**grau, rot, schwarz**
Strichfarbe/Mohs-Härte	**rotbraun / 6**
Kristallsystem	**trigonal**
Spaltbarkeit	**keine**
Chem. Zusammensetzung	Fe_2O_3

Hämatit auf Sandstein, Neuenbürg bei Pforzheim

Hämatit-Glaskopf

Betrachtet man Hämatit genauer, so kann man sehen, dass oft kugelförmige oder traubige Formen auf den Hämatit-Adern zu finden sind. Solche Kugeln heißen Glaskopf. Diese Bezeichnung stammt wohl von dem früheren Wort Glatzkopf, welches abgeschwächt wurde.

Die kugelige Form der Hämatit-Glasköpfe kommt von einer besonderen Wachstumsweise:

Ausgehend von einem Punkt wachsen sehr viele, extrem dünne Kristallnadeln gleichzeitig in alle Richtungen. Zirkulierendes Wasser in dem Berg benetzt stets die ganze Oberfläche des wachsenden Glaskopfs. So können die einzelnen Kristallnadeln im Glaskopf etwa gleich schnell wachsen. Das Ergebnis ist die Form einer Kugel.

Betrachtet man einen Glaskopf von der Seite mit der Lupe, ist die fächerförmige Anordnung der einzelnen Kristallnadeln leicht zu erkennen.

Hämatit-Glaskopf, von der Seite gesehen

153

Hämatit als Eisenglimmer

Ein Riss ist in der Erde, ständig strömt Gas aus dem Boden und bildet eine meterhohe Qualmwolke. Metallischer Geruch liegt in der Luft.

Wir sind auf der Insel Elba. Hier gibt es viele solcher Qualmwolken, die aus dem Boden aufsteigen. Der Mineraloge nennt sie Fumarolen. Der Qualm ist eisenhaltig, er transportiert aus dem Untergrund herausgelöstes Eisen an die Oberfläche. Rund um jedes qualmende Loch im Boden haben sich über mehrere Jahre feine, glitzernde Kriställchen gebildet, die silbrig schimmern. Es sind plättchenförmige Hämatite. Unregelmäßig sind sie miteinander verzahnt, durchdringen sich und bilden so Mineralstufen, die Hunderte von Kriställchen auf kleinstem Raum vereinen.

Ab und zu sind einzelne Plättchen grünlich, bläulich oder rötlich gefärbt. Dies ist ein hauchdünner Überzug von Eisenoxid, der durch Reaktion des Eisens mit der Feuchtigkeit im Fumarolen-Qualm entstanden ist.

Solchen Kriställchen von Hämatit gab man wegen ihrer Ähnlichkeit mit Glimmerkristallen den Namen Eisenglimmer.

Hämatit-Plättchen, als Kristallaggregat zusammengewachsen

154

Bohnerz –
Eisenerz aus der Tiefe der Bergwerke

Bohnerz – so nennt man seit alters her eine besondere Form von Eisenerz, die über Jahrhunderte im Saarland bergmännisch gewonnen wurde.

Jahrtausende vor dem Beginn des Abbaus: Im Untergrund fließen kleine Bäche, Grundwasser sucht sich seinen Weg durch das Gestein. In diesem Grundwasser schwimmen kleine Eisenstückchen, die sich durch den andauernden Transport nach und nach zu runden Steinen, dem Bohnerz, abschleifen.

Chemisch bestehen diese abgerundeten Bohnerz-Stücke aus Eisen und etwas Feuchtigkeit. Mineralien mit dieser Zusammensetzung heißen Limonit und sind eng verwandt mit dem Hämatit.

In den letzten Jahrhunderten wurde der Limonit als wichtiges Eisenerz im Saarland abgebaut und fand vielfältige Verwendung im Alltag der Menschen. Hüttenwerke und Walzwerke verarbeiteten dieses Mineral in großen Mengen zu Stahl. Noch heute sind im Saarland Reste dieser Industrielandschaften zu sehen.

Limonit	
Farbe	braun, braun-schwarz
Strichfarbe/Mohs-Härte	braun / 5–5½
Kristallsystem	ortho-rhombisch
Spaltbarkeit	nicht erkennbar
Chem. Zusammensetzung	FeO(OH)

Bohnerz aus dem Saarland

Magnetit –
anziehendes Eisenerz

Der Magnetit ist ein Eisenerz mit sehr starker Magnetkraft. Chemisch eng verwandt mit dem Hämatit, besteht auch dieses Mineral zum größten Teil aus Eisen. Magnetit hat unter den Eisenerzen mit die höchste Entstehungstemperatur.

Millionen Jahre vor heute: Ort des Geschehens ist eine kilometergroße, unterirdische Blase aus Magma etwa zwei Kilometer unter der Erdoberfläche. Dort herrschen mehr als 1000 °C Hitze und rot glühendes geschmolzenes Gestein wälzt sich von unten nach oben, von links nach rechts. Aus größeren Tiefen steigt immer neues Magma auf und sucht Platz in der Blase.

Jahrhunderte später ist das Magma auf wenige hundert Grad Celsius abgekühlt, es wird langsam fest. Das ist der Moment, in dem sich die ersten chemischen Stoffe in dieser Gesteinssuppe aneinander lagern. Dann schwimmen einzelne Kriställchen von Magnetit im zähflüssigen

Magma. Mit jedem Jahr lagert sich nun mehr Eisen an diese Kriställchen an, die stetig wachsen. Gleichzeitig kült das Magma weiter ab, bis Temperaturen von 150 °C erreicht sind. Nun ist das ehemalige geschmolzene Gestein fest und die Magnetit-Kristalle sind darin eingeschlossen. Ein magnetithaltiges Diabasgestein ist über viele Tausende von Jahren unterirdisch entstanden.

Solche Gesteine bilden heute die Lagerstätten für Magnetit, der als eines der wichtigsten Eisenerze in großem Stil abgebaut wird.

Magnetit	
Farbe	**schwarz**
Strichfarbe/Mohs-Härte	**grau / 5**
Kristallsystem	**kubisch**
Spaltbarkeit	**unvollkommen**
Chem. Zusammensetzung	Fe_3O_4

Magnetit-Kristalle, auf Muttergestein aufgewachsen

Tigereisen –
Mineral mit Musterung

Wie das gestreifte Fell des Tigers bilden Bänder ein Mineralaggregat aus Eisenerzen und Tigerauge, das deshalb Tigereisen heißt.

Alle Erzmineralien, die in diesem Buch zuvor genannt wurden, kommen in Tigereisen als Bänder vor. Man findet Bestandteile mit Hämatit-Zusammensetzung, ebenso auch Limonit und Magnetit. Durch Reaktion mit der Luftfeuchtigkeit haben sich einige Erzbänder im Tigereisen rostrot eingefärbt. Dazwischen findet der interessierte Betrachter immer wieder goldschimmernde Bänder aus Tigerauge (siehe Beschreibungstext für Tigerauge bei den Quarzmineralien), die ihren wogenden Lichtschimmer beim Hin- und Herbewegen zeigen.

Alle Farbbänder zusammen ergeben einen sehr schönen Schmuckstein. Er ist wegen seines hohen Eisengehaltes jedoch relativ schwer und wiegt etwa 5,5 Gramm pro Kubikzentimeter, was etwa dem doppelten Gewicht von Granit entspricht.

Fundorte für Tigereisen sind einige der großen Eisenerzlagerstätten in den USA sowie Namibia.

Tigereisen	
Farbe	rotbraun + grau mit goldenen Bändern
Strichfarbe/Mohs-Härte	rotbraun / 5–6
Chem. Zusammensetzung	Eisenoxid, Tigerauge

Tigereisen-Scheibe, anpoliert

Katzengold –
ein bekannter Name für den goldfarbenen Pyrit

Seinen Namen „Pyrit" erhielt dieses Mineral von dem griechischen Wort „pyros" = Feuer. Schon in der Steinzeit wurde dieser Stein zum Feuermachen verwendet, da er beim Anschlagen Funken sprüht.

Die Alchemisten des Mittelalters waren auf der Suche nach dem Stein der Weisen, mit dem sie Gold herstellen wollten. Mit dem Pyrit meinten sie ihrem Ziel bereits ganz nahe zu sein. Vermutlich kommt daher der zweite Name „Katzengold" für dieses Mineral. Ganz ist die Herkunft der Bezeichnung jedoch bis heute nicht geklärt.

Der Pyrit besteht aus Eisen und Schwefel. Mineralien, die in ihrer Formel Schwefel besitzen, wurden in der Bergmannssprache auch „Kiese" genannt. Daher kommt der dritte Name des Pyrits, nämlich „Eisenkies".

Pyrit ist ein Durchläufermineral, wächst also unter den verschiedensten geologischen Bedingungen und kommt in sehr vielen unterschiedlichen Gesteinen vor. Es ist ein wichtiges Eisenerz und beliebtes Sammlermineral, das jeder Mineralienvitrine Glanz gibt. Hauptlagerstätten sind in Peru, Bolivien, Mexiko und den USA zu finden.

Pyrit	auch: Katzengold, Eisenkies
Farbe	**goldfarben**
Strichfarbe/Mohs-Härte	**grünlich-schwarz / 6–6$\frac{1}{2}$**
Kristallsystem	**kubisch**
Spaltbarkeit	**keine**
Chem. Zusammensetzung	**FeS$_2$**

Pyrit-Kristalle, zu einem großen Kristall zusammengewachsen, USA

Pyrit bildet bei seinem Wachstum, je nach Temperatur- und Druckbedingungen im Gestein, unterschiedliche Kristallformen aus. So gibt es würfelförmige Kristalle und Kristalle mit anscheinend fünfeckigen Flächen. Weiter findet man Kristalle in Oktaederform, die wie zwei gegeneinander gewachsene Pyramiden aussehen.

In der Abbildung sind solche Oktaeder zu sehen. Hunderte von Kristallen, die unabhängig von ihrer Größe stets die gleiche Kristallform zeigen, sind zu einem glitzernden Aggregat zusammengelagert.

Solche Sammlerstücke sind hauptsächlich in den Pyrit-Steinbrüchen in Peru zu finden.

Nimmt man ein solches Mineral in die Hand, stellt man ein sehr hohes Gewicht fest. Pyrit ist mit einer Dichte von fünf Gramm pro Kubikzentimeter fünfmal schwerer als Wasser.

Glänzende Pyrit-Kristalle sind zu einer Kristallstufe zusammengewachsen, Fundort Peru

159

Pyrit –
goldglänzende Würfel aus Spanien

In Steinbrüchen Südspaniens wird ein weicher Kalkstein als Baustoff abgebaut. In diesem Kalkstein finden sich immer wieder goldglänzende Würfel: Das Mineral Pyrit ist in das Gestein eingewachsen.

Im weichen Kalkstein konnten sich die Kristalle mit ihrer eigentlichen Form, dem Würfel, ausbilden. Pyrit gehört zum kubischen Kristallsystem, einem der sieben Systeme, die die Kristallgeometrie aller Mineralien beschreiben. Damit ist der Pyrit bestrebt, beim Wachsen die Würfelform auszubilden. Aus einem kleinen Pyrit-Kristall wird ein größerer, indem sich,

Atom für Atom, die Bausteine Eisen und Schwefel anlagern. Hier, im Kalkstein Spaniens, konnte dies gelingen, da die Pyrit-Würfelchen beim Wachstum das weiche Gestein um sie herum zur Seite drängen und weiterwachsen konnten.

Misst man die Winkel zwischen zwei Flächen eines solchen Pyrit-Würfels, so ergibt sich ein exakter rechter Winkel von 90°. Die Flächen glänzen, ohne poliert worden zu sein. Da Pyrit damit die ideale Kristallform ausbildet, sind keine Spannungen im Inneren des Kristalls vorhanden und der natürliche Glanz stellt sich von selbst ein.

Pyrit-Würfel in Kalkstein, Fundort Südspanien

Markasit –
ein Verwandter des Pyrits

Markasit: Dieses Mineral besteht zwar aus denselben Baustoffen wie Pyrit und stimmt auch in der chemischen Formel überein, unterscheidet sich aber in der Kristallstruktur. Lagern sich die Baustoffe des Markasits, Eisen und Schwefel, bei niedrigen Temperaturen von 5–30 °C und einem Druck von nur einigen bar aneinander, so entsteht die Kristallstruktur des Markasits.

Markasit kommt in vielen Gesteinen vor. Nur an einer Fundstelle auf unserer Erde, nämlich in Illinois/USA finden sich jedoch Scheiben aus Markasit, die wie eine Sonne geformt und nur einige Millimeter dick sind. Solche Markasit-Sonnen sind ein beliebtes Sammlerobjekt.

Der Schwefel, der als Baustoff im Markasit vorhanden ist, stammt nicht aus einem Gestein, sondern von Tieren und Pflanzen, die einmal im Meer gelebt haben. Auf dem Meeresgrund verwesen die toten Tiere und setzen dabei Schwefel frei. Zusammen mit dem Eisen des Meerwassers bildet sich Markasit, der in den immer dicker werdenden Schlammschichten eingebettet wird. Nach vielen Tausend Jahren ist dieser Schlamm so dick, dass er sich zu Schieferton verfestigt. Heute finden wir diesen Schieferton in Steinbrüchen.

Markasit	auch: Speerkies, Kammkies
Farbe	**goldfarben, oft Anlauffarben**
Strichfarbe/Mohs-Härte	**grünlich-schwarz / 6–6$\frac{1}{2}$**
Kristallsystem	**ortho-rhombisch**
Spaltbarkeit	**kaum vorhanden**
Chem. Zusammensetzung	**FeS_2**

Markasit-Sonne, Illinois / USA

Abstrakte Bilder im Gestein

Gesteine unseres Alltags können eine ungeahnte Farbenpracht zeigen, wenn sie mit den richtigen Techniken untersucht werden. Alle Farben in der Abbildung sind Originalfarben, die das Gestein unter dem Mikroskop hervorbringt.

So entsteht dieses Bild: Aus einem Gestein werden zunächst mit der Diamantsäge dünne Scheibchen von 1 mm Dicke herausgeschnitten. Auf eine Glasplatte geklebt werden sie auf eine Dicke von 0,2 mm geschliffen und anschließend poliert. Nun kann Licht hindurchscheinen. Unter einem speziellen Gesteinsmikroskop zeigen sich die einzelnen Mineralkörner, aus denen die Gesteine bestehen, als je eine Farbfläche.

Mithilfe spezieller Linsen und Beleuchtungstechniken im Mikroskop erscheinen Mineralkörner, die in der Natur grau oder weiß erscheinen, in typischen Farben. Die entstehende Farbe ist ein wichtiges Merkmal, wenn der Mineraloge bestimmen will, aus welchen Mineralien ein Gestein besteht. Neben der wissenschaftlichen Betrachtung ergeben sich fantastische Farbspiele, die an intensiv gefärbte abstrakte Bilder erinnern. Dennoch ist hier die unverfälschte Natur zu sehen.

Glimmerschiefer	
Farbe	als Gesteinsstück hellgrau bis grünlich

Schiefer aus Schottland, Breite des Bildausschnitts 3 mm

Unter dem Mikroskop

Granat-Amphibolit ist ein sehr dunkles, fast schwarzes Gestein mit einzelnen eingeschlossenen Granat-Kristallen. Schleift man dieses Gestein sehr dünn, so zeigen sich die einzelnen Kristalle darin in verschiedenen Farben unter dem Mikroskop:

Hornblende = dunkelgrün melierte Farben
Granat = orange und hellblaue große Flächen
Feldspat = dunkelgraue und schwarze Farben
Epidot = dunkelrot und dunkelgrün

Diese Farben sind nicht vergleichbar mit den Farben, die die Kristalle beim Betrachten eines Gesteinsstücks mit bloßem Auge zeigen. Durch die geringe Dicke und verschiedene Beleuchtungsmethoden im Mikroskop werden die bunten Farben erst erzeugt. Sie sind aber für jedes Mineral typisch und erlauben dem Mineralogen die Bestimmung des Gesteins, ohne dass er chemische Analysen der Mineralkörner machen muss.

Granat-Amphibolit	
Farbe	als Gesteinsstück dunkelgrau bis fast schwarz

Granathaltiges Amphibolit-Gestein aus dem Tessin/Schweiz. Breite des Bildausschnitts 3 mm

163

Granit –
ein Gestein, entstanden aus der Tiefe

Auch Granit ist, wie alle Gesteine, ein Gemenge von verschiedenen Mineralien. Im Dünnschliff unter dem Mikroskop sind die Kristalle folgender Mineralarten zu sehen:

Biotit-Glimmer = faserig grünliche Bereiche
Feldspat-Mineralien = orange-rosa Körner
Quarz = rostroter Bereich
Granat = pink-hellblaue Körner

Granit kommt in der Natur in vielen Farben vor. So gibt es im Schwarzwald hellgrundige, weißliche Granite ebenso wie rosafarbene und bräunliche Granite.

Alle diese Farben werden von verschiedenen Mineralien im Gestein und von unterschiedlichen Mengenverhältnissen der einzelnen Mineralarten erzeugt. Im Mikroskop betrachtet erscheinen die Mineralkörner in anderen Farben.

Bekannte Granite aus dem Schwarzwald sind nach ihren Fundorten, Forbach-Granit und Seebach-Granit, benannt. Diese finden sich weit verbreitet als Baustein, so etwa in Gartenmauern oder Treppenstufen.

Granit	
Farbe	**als Gesteinsstück**
	hellgrau, weißlich
	cremefarben, rötlich

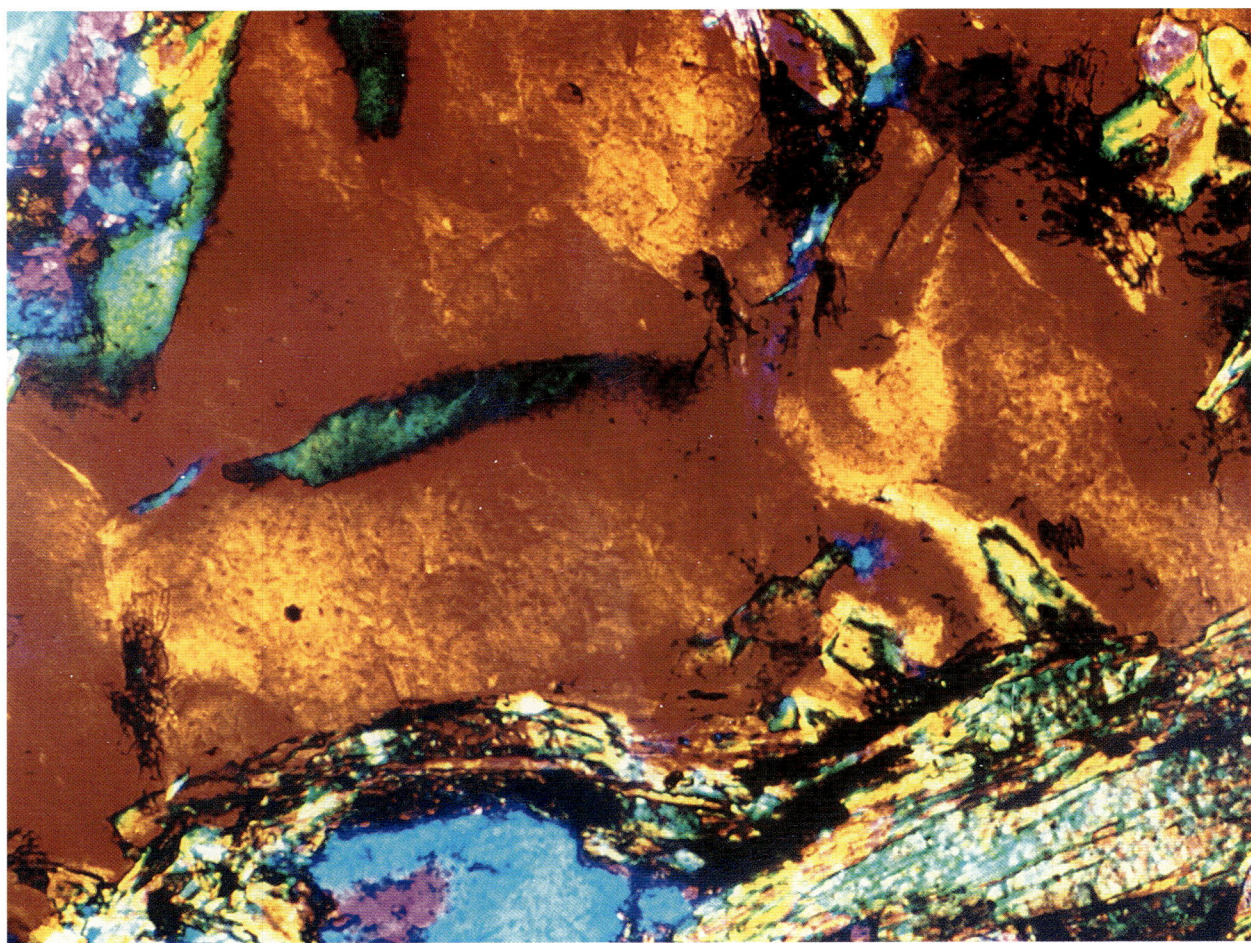

Granit von Novate/ital. Alpen. Breite des Bildausschnitts 3 mm

Gneis –
geschmolzenes und wieder abgekühltes Gestein

Ein Berg bewegt sich. Mit dem Druck von einigen 1 000 bar im Inneren werden langsam Gesteinsschichten nach oben geschoben – wie seit 60 Millionen Jahren in den Alpen. Auch heute noch heben sich die Alpengipfel um durchschnittlich 1 cm pro Jahr. Einzelne Lagen von Gesteinen bilden sich dabei heraus und bewegen sich auch gegeneinander.

Solche geologischen Bewegungen erzeugen enorme Reibungshitze. An den Grenzen zweier Schichten schmelzen Gesteine fast auf, die enthaltenen Mineralien ordnen sich im zähflüssigen Gesteinsbrei neu an und bilden dunkle und helle Linienmuster. So entsteht Gneis.

Auch der Gneis zeigt unter dem Mikroskop seine Bestandteile:

Granat = bunte, etwa oval begrenzte Bildbereiche
Feldspat = dunkelgraue und schwarze Körner
Rutil = schmale, lang gestreckte Flächen

Gneis	
Farbe	**als Gesteinsstück hellgrau, weiß und schwarz gebändert**

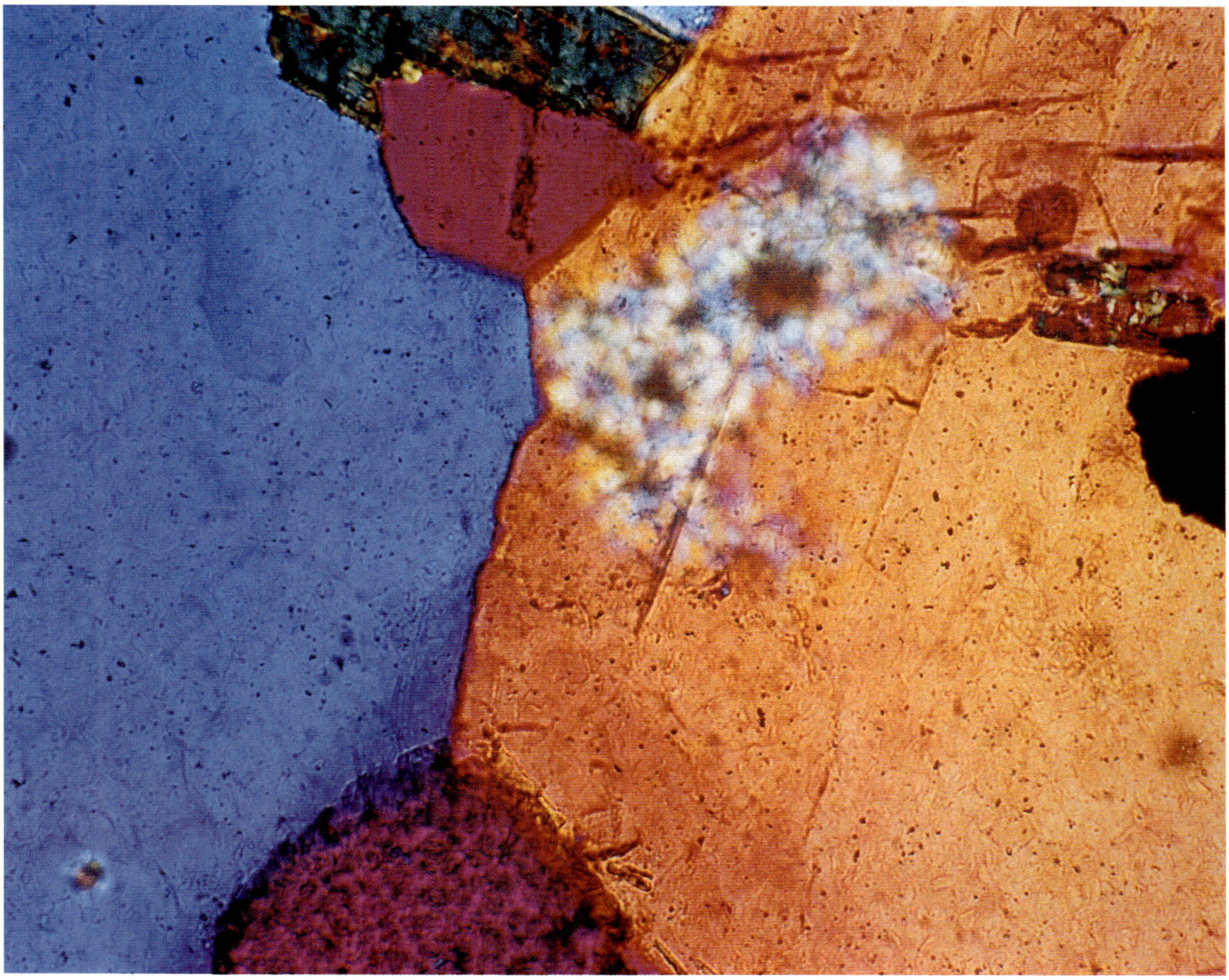

Gneis aus der Ivrea-Zone/Italien. Breite des Bildausschnitts 3 mm

Bernstein –
orangefarbenes Gold der polnischen Küste

Der Name Bernstein stammt vom griechischen „bernen" = brennen. Der Bernstein kann mit einer offenen Kerzenflamme entzündet werden und brennt dann. Bernstein ist fossiles Baumharz, das im Laufe der letzten Jahrtausende fest wurde.

Ein Mineral wird als ein anorganischer, fester, in sich gleichmäßig zusammengesetzter Bestandteil der Erdkruste definiert.

Bernstein ist somit im strengen Sinne kein Mineral, da er aus Kohlenstoff und Wasserstoff, also zwei chemischen Elementen aus der organischen Chemie, zusammengesetzt ist. Dennoch darf Bernstein in einem Mineralienbuch nicht fehlen, da er, wie die Edelsteine auch, häufig in Schmuck verarbeitet und mit denselben Maschinen und Verfahren wie Mineralien bearbeitet wird.

Die Hauptfundgebiete von Bernstein liegen an der polnischen Ostseeküste bis hinüber nach Lettland und zur kurischen Nehrung. Der größte Bernstein-Tagebau der Welt liegt in Palmnicken/Polen. Hier werden fast alle Bernsteine gefunden, die in Polen verarbeitet und dann in ganz Europa verkauft werden.

Große Bekanntheit hat das Bernsteinzimmer erlangt, welches in Sankt Petersburg in den letzten Jahren neu geschaffen wurde. Hier sind alle Wände mit Bernstein in kunstvollsten Formen verkleidet.

Bernstein	auch: Succinit
Farbe	**goldgelb, orange, braun, grünlich**
Strichfarbe/Mohs-Härte	**orangegelb / ca. 2**
Kristallsystem	**amorph**
Spaltbarkeit	**keine**
Chem. Zusammensetzung	**etwa $C_{10}H_{16}O$**

Bernstein aus Polen, Ostseeküste

Bernstein ist fossiles Baumharz, in den meisten Fällen von der Kiefernart „Pinus succinifera". Diese Kiefernart existiert heute nicht mehr.

Vor 40 Millionen Jahren im Kiefernwald, wir haben das Erdzeitalter des Tertiär:

Die Sonne scheint, Insekten surren durch die Luft, Mückenschwärme tanzen. Es ist ein ruhiger Sommertag. Immer wieder reiben Säugetiere ihr Geweih an den Stämmen der Kiefern, die Rinde der Bäume ist spröde.

An einigen Stellen tritt Harz aus, gelb schimmernd und klebrig. Einige Ameisen laufen den Stamm hoch, doch auf einmal geht es nicht mehr weiter. Die Ameisenstraße ist durch einen großen Harztropfen unterbrochen. Eine unvorsichtige Ameise geht weiter und klebt am Harz fest. Tage später: Ein weiterer Harztropfen läuft den Stamm hinab und schließt die Ameise ein.

So und auf ähnliche Weise wurden in jener Zeit viele Insekten in das Harz der Bäume eingeschlossen.

Das Harz trocknete, fiel vom Stamm herab und wurde von nun an mehrfach in Tümpeln, Bächen und schließlich im Meerwasser umgelagert. Es entstand der Bernstein.

Heute ist der Bernstein wichtiger Zeuge der damaligen Flora und Fauna und gibt Aufschluss über die Pflanzen- und Tierarten, die damals lebten.

Bernstein aus Polen, Ostseeküste, mit zwei eingeschlossenen Ameisen

Bernstein aus Polen,
Ostseeküste

Sehr viele Tier- und Pflanzenarten sind in Bernstein eingeschlossen. So gibt es Pollen verschiedenster Bäume, Zapfen von Nadelbäumen, Blätter, Schmetterlinge, Fliegen, Ameisen, Flöhe und sogar kleine Frösche als Einschluss in Bernstein.

Bernsteine mit solch seltenen Einschlüssen sind rar und sehr teuer. Sie geben dem Wissenschaftler eine ausgezeichnete Möglichkeit, die biologischen Verhältnisse im späten Tertiär zu studieren.

Oft findet man farblose Bläschen im Bernstein, wie auch in der Abbildung auf dieser Seite zu sehen. Diese Bläschen bestehen aus Wasser und einem terpentinhaltigen Öl. Sie werden als Reste des Zellsaftes der Kiefer angesehen. Langsames Erwärmen in Rüböl kann bewirken, dass der Bernstein klar durchsichtig wird.

Optische Effekte:
Irisieren und Labradorisieren

Das Irisieren wurde schon von Arigcol 1546 erwähnt. Er beschrieb mit diesem Wort einen Leuchteffekt auf der Oberfläche von Mineralien, der durch das auftreffende Sonnenlicht hervorgerufen wird. Das Licht fällt auf einen Kristall und wird von vielen parallelen, sehr dünnen Lagen im Kristall gespiegelt, danach zum Auge des Betrachters reflektiert.

So entsteht ein Farbspiel, das auf der Oberfläche eines polierten Kristalls alle Farben des Regenbogens zeigt.

Irisieren kann beim Mondstein beobachtet werden, der einen blauen Lichtschimmer auf weißem Untergrund zeigt.

Labradorisieren mit starken, teilweise metallisch glänzenden Reflexen zeigen der Labradorit sowie der Regenbogen-Obsidian.

Der Effekt des Labradorisierens auf einem Labradorit

Katzenaugen-Effekt

Manche Mineralien sind aus unzähligen dünnen Fasern aufgebaut. Fällt nun Licht von einer punktförmigen Lichtquelle, z. B. von einer Glühbirne, auf ein solches Mineral, so wird das Licht in besonderer Weise reflektiert. Senkrecht zur Richtung der Fasern entsteht eine Lichtlinie, die über den Stein hin und her wandert, wenn man diesen unter dem Licht bewegt.

Am besten kommt dieser Effekt zur Geltung, wenn das Mineral mit kugeliger Oberfläche geschliffen und poliert ist.

Dieser Katzenaugen-Effekt wurde zuerst am Mineral Chrysoberyll untersucht, einem gelblichen durchscheinenden Edelstein. Ferner kann dieser Effekt bei Rosenquarz (sehr selten) und nicht zuletzt bei Saphir und Rubin auftreten. In diesem Buch kann der Katzenaugen-Effekt beobachtet werden bei Tigerauge, Falkenauge und bei Selenit.

Befinden sich in einem Mineral mehrere Gruppen von parallelen Fasern, die in unterschiedlichen Richtungen orientiert sind, so ergeben sich (selten) auch mehrere Lichtlinien auf dem Stein, die dann z. B. einen sechsstrahligen Stern bilden können (Rosenquarz, Rubin, Saphir).

Der Katzenaugen-Effekt auf einem gewölbt geschliffenen Selenit-Kristall

170

Lichtbrechung im Kristall

Lichtbrechung bedeutet: Ein Lichtstrahl, der in einen Kristall eintritt, wird an der Kristallstruktur im Inneren gespiegelt, umgelenkt und zerlegt. Dabei kann er seine Richtung ändern, bevor er wieder aus dem Kristall heraustritt. Lichtbrechung kommt hauptsächlich in durchsichtigen, transparenten Mineralien vor.

In der Abbildung auf dieser Seite sind zwei facettierte Kugeln aus Bergkristall gezeigt. Die linke Kugel wird von einer Glühbirne mit breitem Lichtstrahl beleuchtet. Die Kugel erscheint fast gleichmäßig hell und zeigt keine besonderen Lichteffekte.

Die rechte Kugel wird von unten mit einer punktförmigen violetten Lichtquelle beleuchtet.

Obwohl sich nur ein Lichtpunkt (ca. 2 mm Durchmesser) unter der Kugel befindet, erscheinen jedoch mehr als 10 violette Farbpunkte auf der ganzen Oberfläche der Kugel. Das zeigt, dass das Licht des einzelnen hellen Punktes in der Kugel vielfach gespiegelt, zerlegt und umgelenkt wird. Ein einzelner Lichtstrahl, der in die Quarzkugel eindringt, tritt an vielen Stellen gleichzeitig aus der Kugel aus und geht von dort zum Auge des Betrachters.

Dieser Effekt wird verstärkt durch die glatten Flächen (Facetten), die an die Quarzkugel geschliffen wurden. So entsteht ein Funkeln und Glitzern des Kristalls, das bei Edelsteinen auch „Feuer" genannt wird.

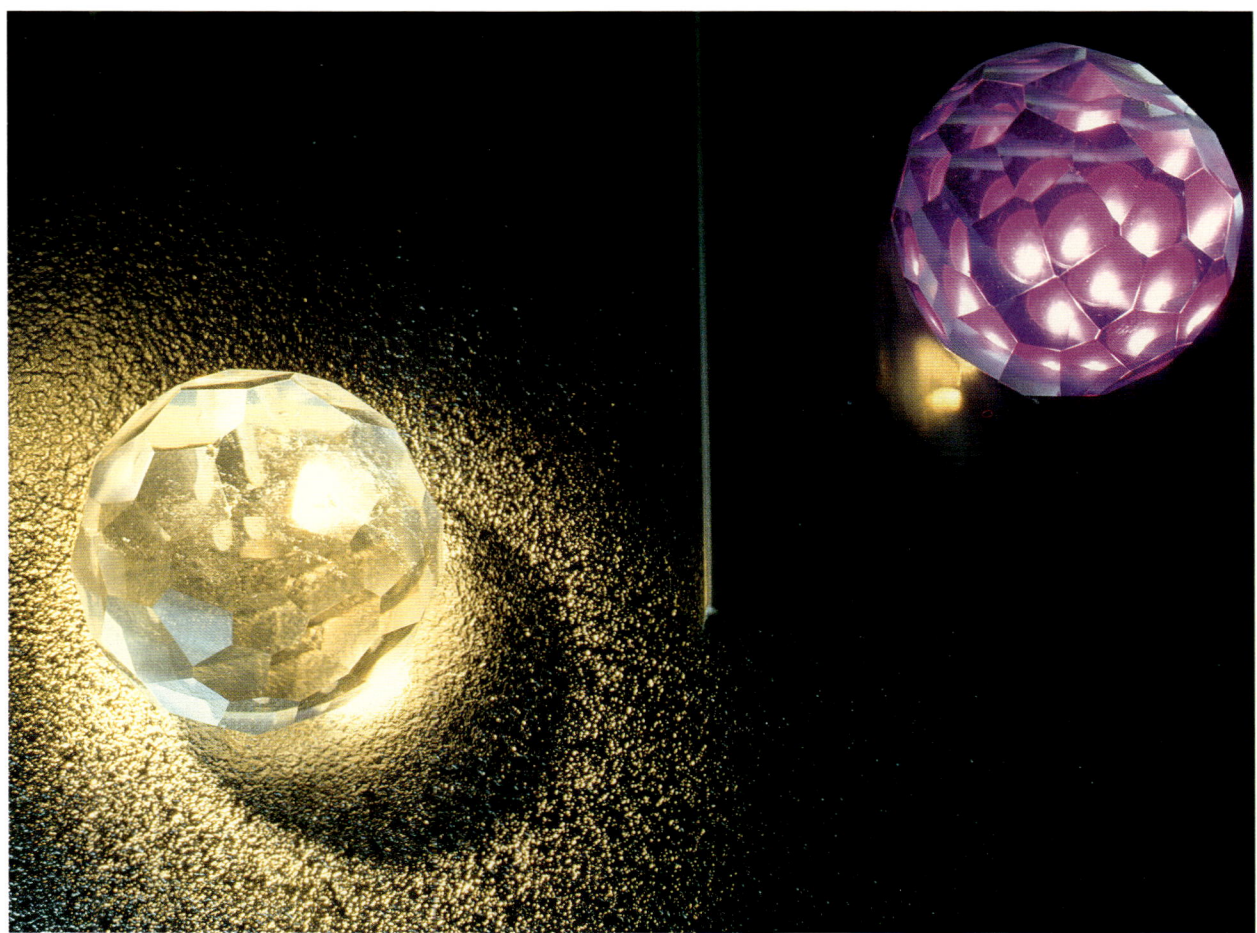

Die Lichtbrechung in Quarz bei verschiedenen Beleuchtungen

171

Synthetische Kristalle
Zirkonia – weit verbreitete Imitation für Diamant

1976 wurde die ersten Zirkonia von Menschenhand hergestellt. Schon seit etwa 150 Jahren versuchen die Menschen, durch Nachahmung der Bildungsverhältnisse (Temperatur, Druck, Chemie) natürlicher Mineralien die chemischen Verbindungen herzustellen, die in diesen vorhanden sind. Das Ziel dieser Kristallzüchtungsmethoden ist, seltene und begehrte Mineralien, besonders Edelsteine, herzustellen. Damit soll der Bedarf für Schmuck und technische Zwecke gedeckt werden.

Zudem gibt es synthetische Kristalle, die in dieser Form in der Natur gar nicht vorkommen, also kein natürliches Vorbild haben. Hierzu gehören die Zirkonia-Steine, die aus den chemischen Elementen Zirkon (Zr) und Sauerstoff (O) bestehen. Sie sind seit 1976 mehr und mehr in Schmuck verwendet worden und sind heute die häufigste Imitation für den Diamant. Das Feuer gut geschliffener Zirkonia ist sogar etwas stärker als das eines Diamanten.

Durch Beimischung von geringen Spuren weiterer chemischer Elemente können alle gewünschten Farben hergestellt werden.

Bei der Herstellung der Zirkonia bilden diese im ihrem Inneren eine Kristallstruktur, ebenso wie die natürlichen Mineralien. Zirkonia zählen also auch zu den Mineralien, nur stammen sie eben nicht aus der Natur, sondern aus einer Maschine.

Zirkonia	nicht zu verwechseln mit Zirkon (anderes Mineral)
Farbe	**alle Farben**
Strichfarbe/Mohs-Härte	**weiß / 8**
Kristallsystem	**kubisch**
Spaltbarkeit	**gut**
Chem. Zusammensetzung	ZrO_2

Zirkonia-Steine in verschiedenen Farben und Schliff-Formen

Synthetischer Rubin – geeignet für Schmuck

Rubin ist einer der wertvollster natürlichen Edelsteine. Er ist in Spitzenqualitäten, also mit kräftiger Farbe und einschlussfrei, sehr selten und wertvoller als ein gleich großer Diamant.

Schon Anfang des 19. Jahrhunderts hatten viele Menschen den Wunsch, Schmuck mit gefassten Rubinen zu tragen, konnten diese Steine als natürliche Edelsteine jedoch nicht bekommen.

So erfand der Chemiker A. V. Verneuil 1888 ein Verfahren, Rubine künstlich herzustellen. Die synthetischen Rubine waren nun auf dem Markt verfügbar.

Das Verneuil-Verfahren funktioniert so: In einen Trichter wird Al_2O_3-Pulver (Aluminium-oxid) gegeben. Ein Hämmerchen schlägt auf den Trichter, das Pulver rieselt langsam hinab und fällt unten aus dem Trichter hinaus. Am unteren Ende des Trichters brennt eine Knallgas-Flamme. Diese entsteht durch Wasserstoff-Gas und Sauerstoff-Gas, die hier aufeinander treffen und in einer 2 000 °C heißen Flamme zu Wasser reagieren.

Das Pulver aus dem Trichter wird aufgeschmolzen und fällt als Tropfen ca. 50 cm tief auf einen Metallteller. Hier bildet sich, Schicht für Schicht, ein synthetischer Rubinkristall.

Durch Beimengung von Cr_2O_3-Pulver (Chromoxid) zum Pulver im Trichter wird der entstehende Kristall rot = Rubin, durch Beimengung von Fe_2O_3 (Eisenoxid) wird der Kristall blau = Saphir. Die Form der so gezüchteten Kristalle heißt Verneuil-Birne.

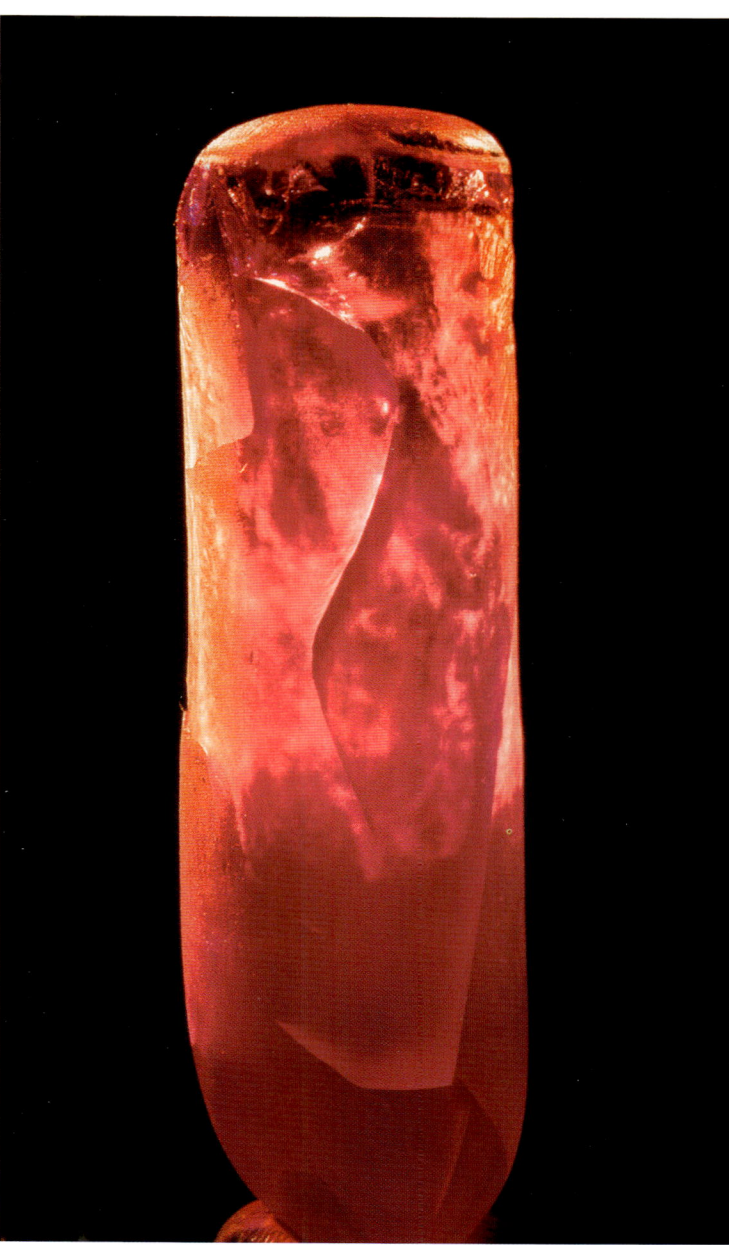

Rubin + Saphir	
Farbe	rosa bis intensiv dunkelrot, blau
Strichfarbe/Mohs-Härte	weiß / 9
Kristallsystem	trigonal
Spaltbarkeit	keine
Chem. Zusammensetzung	Al_2O_3

Verneuil-Birne, synthetischer Rubin

Rubin – auch in Uhren zu finden

10 Steine, 15 Steine: Solche Beschriftungen finden sich immer wieder auf den Zifferblättern hochwertiger Armbanduhren.

Gemeint ist mit dieser Beschriftung, dass die Achsen und Zahnrädchen im Uhrwerk auf Steinen gelagert sind. Das bewirkt einen genaueren Gang des Uhrwerks und ermöglicht eine lange Haltbarkeit. Auch nach Jahrzehnten funktionieren solche Uhrwerke noch problemlos.

Damit sich diese Steinlager nicht abnutzen, ist eine hohe Härte der verwendeten Steine erforderlich. Optimal sind hierzu synthetische Rubine mit ihrem hohen Härtegrad 9 geeignet. Diese werden zu mikroskopisch kleinen Scheibchen und Ringen verarbeitet, die dann im Uhrwerk eingesetzt werden können.

Rubin	
Farbe	**rosa bis intensiv dunkelrot**
Strichfarbe/Mohs-Härte	**weiß / 9**
Kristallsystem	**trigonal**
Spaltbarkeit	**keine**
Chem. Zusammensetzung	Al_2O_3

Rubin-Teilchen, als Lager für die Achsen im Uhrwerk verwendet

174

Quarzkristalle – wichtiger Rohstoff für die Technik

Schwingquarze: Diese elektronischen Bauteile sind heute in vielen Geräten des Alltags eingebaut. Sie steuern Sende- und Empfangsfrequenzen in Radiogeräten, Funkgeräten, Handys und Armbanduhren. Auch in vielen elektronischen Schaltungen wie dem ABS und der Motorsteuerung von Autos sind sie zu finden.

Die Schwingquarze bestehen aus einem Quarzscheibchen, das in einem Metallhalter zwischen zwei Federn eingeklemmt ist. Auf beiden Seiten des Scheibchens sind Silberschichten aufgebracht, die als Elektroden dienen. Nun wird mit einer elektronischen Schaltung, die rund um den Schwingquarz aufgebaut ist, der Quarz zum Schwingen angeregt. Der Quarz gibt wiederum die Schwingung zurück an die Elektronik und stabilisiert die Frequenz, die nun von der Schaltung ausgesendet wird.

So schwingt der Schwingquarz in einer Armbanduhr 32 768-mal, bevor der Sekundenzeiger eine Sekunde weiterläuft. In anderen Geräten wie Mobilfunk-Sendemasten schwingen die Quarze bis zu 210 Millionen Mal pro Sekunde.

Hierbei macht man sich den piezoelektrischen Effekt zunutze, den das Mineral Quarz als Eigenschaft besitzt: Durch Anlegen einer elektrischen Spannung auf zwei Flächen des Quarzscheibchens dehnt sich dieses aus. Umpolung der Spannung bewirkt ein Zusammenziehen des Quarzes. So kommt die Schwingung des Quarzscheibchens zustande.

Damit der piezoelektrische Effekt im Kristall in optimaler Stärke auftritt und damit technisch genutzt werden kann, sind sehr reine Quarzkristalle erforderlich. Diese kommen in der Natur nur sehr selten vor. Daher werden solche Quarzkristalle in chinesischen und russischen Fabriken künstlich hergestellt. Es entstehen synthetische Bergkristalle.

Quarz	
Farbe	**farblos**
Strichfarbe/Mohs-Härte	**weiß / 7**
Kristallsystem	**trigonal**
Spaltbarkeit	**keine**
Chem. Zusammensetzung	**SiO_2**

Synthetischer Quarzkristall aus einer chinesischen Fabrik, Original-Wachstumsform

Wismutkristalle – bunt glänzende Sammlerstücke

Seit wenigen Jahren sind auf manchen Mineralienbörsen bunt schimmernde, metallische Kristalle zu sehen, die spiralförmige Ränder zeigen. Es handelt sich um das Metall Wismut (chemisches Zeichen Bi), welches künstlich in dieser Form auskristallisiert wird.

Ähnlich wie beim Zinngießen wird reines Wismut in einem Tiegel geschmolzen, jedoch dann langsam und kontrolliert abgekühlt. Dabei entstehen, ab einer genau bestimmten Temperatur, kleine Wismutkörnchen in der Schmelze. Sind diese Körnchen erst einmal vorhanden, geht das restliche Wachstum in nur wenigen Stunden vor sich. Extrem schnell lagern sich weitere Wismut-Atome an die ersten vorhandenen Körnchen an. Dieses Anlagern geht kristallchemisch an den Kanten und Rändern der

Kristalle am leichtesten vonstatten. Ein spiralförmiges Wachstum entsteht, da die Kanten viel schneller als die Flächenmitten wachsen.

Bei diesem Prozess reagiert das Wismut auch mit der Feuchtigkeit der umgebenden Luft. So entstehen die dünnen bunten Farbhäutchen auf den Wismut-Kristallen.

Wismut	
Farbe	**silbergrau, oft bunt angelaufen**
Strichfarbe/Mohs-Härte	**grau / 2–2½**
Kristallsystem	**kubisch**
Spaltbarkeit	**keine**
Chem. Zusammensetzung	**Bi**

Synthetischer Wismut, aus der Schmelze gezüchtet

Siliziumkarbid – wichtiges Schleifmittel in vielen Werkzeugen

Siliziumkarbid (SiC) ist nach dem synthetischen Diamanten der zweithärteste Stoff, den Menschen herstellen können. Auf der Härteskala der Mineralien von 1 bis 10 steht SiC bei 9, wodurch sich Siliziumkarbid als Schleifmittel eignet. Die Körnchen auf vielen Schmirgelpapieren sind aus diesem Kristall, der nach der Züchtung in die gewünschte Korngröße gemahlen wird.

Zum Schleifen von Edelsteinen und Mineralien werden SiC-Körner in loser Form verwendet.

Die Herstellung funktioniert so, dass in großen Öfen Silizium-Pulver und Kohlenstoff miteinander auf über 1 000 °C erhitzt werden.

Dabei verbinden sich diese beiden Stoffe und bilden graue glänzende Kristalle. Nach dem Abkühlen des Ofens werden die Kristalle entfernt und zu Schleifpulver weiterverarbeitet.

Auf vielen dieser Kristalle sind die Farben des Regenbogens zu sehen. Dies sind Anlauffarben, die durch Reaktion der noch heißen Kristalle mit Luftfeuchtigkeit entstehen.

Siliziumkarbid	
Farbe	schwarzgrau, bunt angelaufen
Strichfarbe/Mohs-Härte	grauschwarz / 9
Kristallsystem	hexagonal
Spaltbarkeit	gut
Chem. Zusammensetzung	SiC

Ein Siliziumkarbit-Kristall-Aggregat direkt aus dem Schmelzofen

Glossar

Aggregat: Ein Gesteinsstück, auf dem viele Kristalle gleicher oder unterschiedlicher Mineralarten zusammengewachsen sind.

Druse: Ein Hohlraum im Gestein, der vom Außenrand her mit Bändern oder Kristallen bewachsen ist. Im Inneren ist noch ein Hohlraum zu sehen (z. B. Amethystdruse).

Einschlüsse: Risse, Flüssigkeiten oder andere Mineralkörnchen, die in einem Kristall eingewachsen sind. Sie ermöglichen oft die Unterscheidung zwischen echten und künstlich hergestellten Kristallen einer Mineralart (z. B. echter/natürlicher und synthetischer Rubin).

Karat: Gewichtseinheit von Edelsteinen. 1 Karat/kt. (engl. Carat/ct.) = 0,2 Gramm.

Kieselsäure: Hauptbaustoff vieler Mineralien, der „Silikate". Formel SiO_2 (Siliziumdioxid).

Kristall: Form eines Minerals, die in einen Hohlraum oder Riss im Gestein hineingewachsen ist. Es sind einzelne Flächen ausgebildet, die in bestimmten Winkeln zueinander stehen (vgl. „Mineral").

Lava: Flüssiges Gestein an der Erdoberfläche, bis 1 000 °C heiß. Tritt bei Vulkanausbrüchen aus.

Lichtbrechung: Ein Lichtstrahl, der in einen Kristall eindringt, wird in seiner Richtung abgelenkt. Die Lichtbrechung ist ein Maß für die Stärke der Ablenkung des Lichtstrahls. Je höher die Lichtbrechung, umso stärker wird der Lichtstrahl abgelenkt und hin- und hergespiegelt im Kristall. So entsteht das Funkeln eines Kristalls.

Magma: Flüssiges Gestein im Erdinneren, bis 2 000 °C heiß.

Mandel: Ein ehemaliger Hohlraum im Gestein, der vollständig mit Mineralbändern und Kristallen zugewachsen ist. Es ist kein Hohlraum mehr zu sehen (z. B. Achat).

Mineral: Anorganisch zusammengesetzter, von innen gleichmäßig aufgebauter, fester Bestandteil der Erdkruste. Ein Mineral kann einfach ein Farbband im Gestein darstellen oder, bei genügend Platz, seine eigentlichen Flächen ausbilden (vgl. „Kristall").

Mineralgruppe: Eine Mineralgruppe fasst verschieden aussehende Mineralien zusammen, die die gleichen chemischen Hauptbaustoffe haben und damit verwandt sind: Rubin + Saphir, Quarze, Aquamarin + Smaragd.

Spurenelemente: Kommt zur eigentlich schon vollständigen chemischen Zusammensetzung noch in geringen Mengen ein anderes chemisches Element (ein Spurenelement) in einen Kristall, so ergeben sich oft Farbveränderungen.

Register

Alle Fotos, Präparation und Bearbeitung der Mineralien:
Dr. Andreas Landmann, Burghäldeweg 18, 74889 Sinsheim
Tel.: 07261/63430, Fax: 07261/155798, www.mineral-fascination.biz

© 2004 SAMMÜLLER KREATIV GmbH

Genehmigte Lizenzausgabe
EDITION XXL GmbH
Fränkisch-Crumbach 2004
www.edition-xxl.de

Produktion: Dieter Rex, München

ISBN 3-89736-705-X